— 国家社科基金一般项目（编号：22BXW

拼图城市

短视频对城市形象的建构与传播

PINTU CHENGSHI: DUANSHIPIN DUI CHENGSHI XINGXIANG DE JIANGOU YU CHUANBO

邓元兵 ▶ 著

兰州大学出版社
LANZHOU UNIVERSITY PRESS

图书在版编目（CIP）数据

拼图城市：短视频对城市形象的建构与传播 / 邓元兵著. -- 兰州：兰州大学出版社，2025. 1. -- ISBN 978-7-311-06792-2

Ⅰ. TU984.2

中国国家版本馆 CIP 数据核字第 20240F6L16 号

责任编辑　锁晓梅
封面设计　汪如祥

书　　名	**拼图城市：短视频对城市形象的建构与传播**	
	PINTU CHENGSHI：DUANSHIPIN DUI CHENGSHI XINGXIANG DE JIANGOU YU CHUANBO	
作　　者	邓元兵　著	
出版发行	兰州大学出版社　（地址：兰州市天水南路222号　730000）	
电　　话	0931-8912613(总编办公室)　0931-8617156(营销中心)	
网　　址	http://press.lzu.edu.cn	
电子信箱	press@lzu.edu.cn	
印　　刷	甘肃发展印刷公司	
开　　本	700 mm×1000 mm　1/16	
成品尺寸	160 mm×230 mm	
印　　张	13.75(插页4)	
字　　数	169千	
版　　次	2025年1月第1版	
印　　次	2025年1月第1次印刷	
书　　号	ISBN 978-7-311-06792-2	
定　　价	55.00元	

（图书若有破损、缺页、掉页，可随时与本社联系）

作者简介

邓元兵，汉族，1987年5月生，郑州大学新闻与传播学院副院长、郑州大学学科特聘教授、博士生导师。上海交通大学与新西兰奥克兰大学联合培养媒介管理学博士。兼任新华通讯社－郑州大学穆青研究中心研究员、郑州大学新媒体研究院研究员、*Telematics and Informatics Reports* 期刊编委、《新媒体与公共传播》集刊副主编等。入选教育部"双千计划"、河南省教育厅学术技术带头人、河南省高校科技创新人才计划、河南省高校青年骨干教师计划等。

主要研究领域为社交媒体与传播效果、城市形象对外传播等。出版著作10余本，在中外核心学术期刊发表论文30多篇。主持纵向科研项目20多项，其中含2项国家社科基金项目。获得高等教育（研究生）国家级教学成果奖二等奖、河南省高等教育教学成果奖（研究生教育）一等奖、河南省高校黄大年式教师团队、河南省优秀研究生导师团队、中共河南省委"翻译河南"工程优秀成果特等奖、河南省高等学校人文社会科学研究成果奖特等奖、河南省教育科学研究优秀成果一等奖等20多个奖项。

前　言

　　短视频平台推进城市形象传播发展，相继涌现出西安、成都、重庆等诸多网红城市。普通市民纷纷到网红城市打卡，以抖音为代表的短视频平台应用到城市形象建构与传播中。短视频相关的新型媒介传播实践，挑战了传统的精英主义价值取向的城市形象建构方式。普通的网民也成为城市形象建构者，短视频平台五花八门的内容汇集了城市形象的多维空间。这些丰富的城市意象通过市民分享的短视频，正如拼图游戏一般，以传播碎片化微观主题的拼接、去本地化多元视角的拼合、重复交叉的传播单元的拼搭为路径构建了拼图式的城市形象。中国短视频用户流量领先于全球，短视频的出现为城市形象的建构与传播提供了创新路径。因此，本书结合理论与实践两个维度，尝试分析城市形象是如何通过短视频得以拼图式地建构与传播的。

　　本书共五章：第一章为研究背景，主要阐述短视频与城市形象的核心概念和理论基础；第二章主要论述短视频时代，城市形象传播场景中的多元主体、传播机制、符号载体、叙事策略及可视化效果；第三章结合网红城市典型案例，探讨短视频城市形象的媒介实践和生成逻辑；第四章反思短视频赋能城市形象建构和传播中遗留的问题；第五章提出短视频时代城市形象传播和建构的策略。

具体章节内容如下：

第一章——研究背景。本章主要阐述研究课题背景、意义和理论基础，并在梳理国内外相关文献的基础上，探讨了短视频对城市形象的影响，提出短视频时代如何建构和传播城市形象这一核心研究问题。

第二章——场景营城：短视频平台城市形象传播场景。场景是城市形象的基本构建单元，不同的城市元素组合形成不同的场景。短视频的场景营销运用特效、音乐、真实可感的场景等为受众搭建起生动的线上城市场景，进而组合成可感知、可视化的城市形象，为人们展现更多的美好城市生活图景。本章将围绕短视频城市形象传播场景中的多元主体、传播机制、符号载体、叙事策略和可视效果等方面，探究短视频是如何建构城市形象的传播场景及其传播效果的。

第三章——城市展演：网红城市兴起的媒介逻辑。移动短视频带来的碎片化主题拼接以及多元视角结合的传播路径，构成了拼图式的城市形象传播框架。个人视角下的拼图式传播改变了以宏观视野为主的传统城市形象传播结构，通过更微观的角度完成了对城市形象的整体建构，丰富了城市形象传播的媒介实践。本章将媒介逻辑作为主要分析框架，以西安、重庆、成都和长沙等网红城市为研究对象，探讨短视频城市形象传播的媒介逻辑，包括内容逻辑、技术逻辑、制度逻辑等。同时，分析具有不同特色的城市如何运用多维符号，为城市的整体形象建构提供拼搭材料，展现城市独特风采与文化，在短视频这一新场域中建立传播优势，为更好塑造城市形象、打造良好城市品牌提供启示。

第四章——传播症候：短视频平台城市形象建构和传播问题。短视频对于城市形象的发展具有重要意义，但短视频塑造城市形象的问题也频频出现，影响城市形象的建构和传播。比如，短视频的同质化造成"千城一面"，如过度广告化的内容，城市形象"迪士尼"化等，对城市形象的建构造成了一定的负面影响。城市形象的建构和传播要在短视频平台获得长久发展，必须要对这些弊病逐一解决，因此本章将从内容层面、传播层面、经营层面等三个层面，发掘在短视频平台上建构和传播城市形象过程中存在的问题。

第五章——优化路径：利用短视频传播和建构城市形象的策略。城市形象传播进入了一个新的历史发展阶段，进入了在碎片化、视觉化、移动化、社交化的短视频平台上进行传播的时代。网红城市的崛起都离不开短视频平台，短视频开创了城市形象传播的新方式，以其独特的方式促进了城市形象的传播。本章将结合短视频场景传播特点，围绕如何运用场景传播提升用户体验、如何挖掘城市形象建构和传播的符号元素、如何打造短视频生态下城市形象的传播链条、如何构建城市形象传播中的整合传播等提出拼图式构建和传播城市形象的策略，为政府部门、短视频创作者、短视频平台未来传播城市形象提供参考。

目　录

第一章　研究背景

21世纪以来，全球化的迅速发展推动世界城市格局走向多元化，城市形象成为国家竞争的重要因素。正如城市经济学家帕斯卡尔·马拉加尔（Pasqual Maragall）所说："在未来，划分全球大部分地区的标准是城市，而不是国家。"①城市形象决定着城市发展的兴衰，是城市对内对外发展的重要名片，因此推动城市发展是国家提高经济实力的重要依托。在此背景下，各个国家都在自身历史文化的基础上，积极探索构建具有新内涵的城市形象，这也将加速世界城市化的进程。城市形象的塑造和城市名片的打造对于具有古今上下五千年历史文明的中国来说具有重大意义，各城市的管理者都应该依托区域内的历史文化内涵，积极构建符合自身形象和时代发展的城市形象。如何塑造更好的城市形象并且传播出去，是学术界和业界都普遍关注的主要问题。为此，学术界和业界从20世纪70年代开始持续地探索，城市形象的塑造和城市知名度的提升离不开媒介的支持，必须依靠媒介这一载体才能达到塑造城市新形象和提升城市影响力的目的。

---

① 莫智勇：《创意新媒体文化背景下城市形象传播策略研究》，《暨南学报（哲学社会科学版）》2013年第7期。

第一节　研究缘起

在移动短视频尚未普及的阶段，传统媒体和"两微一端"是城市形象塑造的主要手段，而城市形象塑造的任务主要由城市管理者承担。传统媒体时代的城市形象宣传总是深度挖掘历史文化底蕴，通过潜移默化的方式让受众回味无穷，但这种单向度的传播、单一的素材和严肃的叙事风格很难引起受众的高度共鸣。"两微一端"的出现在一定程度上改变了这一被动接受的局面，让城市形象的塑造更具有互动性，更有"对话感"，传播风格的活泼生动也更容易吸引受众的注意力。但是这一阶段的城市形象塑造囿于媒介的发展，主要停留在图文阶段，在感染力和共鸣上仍然有很大的进步空间；而且图文的传播形式对受众的想象力也有一定的限制，无法在受众内心形成立体多维的城市形象。

短视频的兴起与快速发展为城市形象的塑造提供了全新的叙事平台和方式，城市形象新的内涵正在快速形成。新媒体技术的发展使城市形象开始重构，短视频的沉浸性体验和强互动性使物理空间和生活场景的边界逐渐模糊，从短视频到现实的虚实交往使得虚拟空间的刻板印象不断消解和重构，在虚实相生中城市形象开始立体化、碎片化地生成。普罗大众参与制作，捕捉具有烟火气的日常，传播碎片化的城市生活，受众关于城市的形象不断被编织，城市形象的内涵不断更迭。因此，短视频这一声画同步的新媒介技术开始丰富受众对于城市的想象，虚拟体验的沉浸式观赏也改变着受众对于城市的感受。城市形象短视频持续不断地生产和传播，不断地增强城市的影响力，在短视频的助推下，有些城市成为网红城市。而城市网红形象的出现与传统的城市形象所积淀的基础相互配合和影响，从而在相生相克中诞生新的城市形象。CNNIC（中国互联网络信息中心，China Internet Network Information Center，简称CNNIC）发布的第53次《中国互联网发展状况统计报告》显示，截至2023年12月，中国网民规模达10.92亿人，较2022年12月增长2480万，互联网普及率达77.5%。其中，短视频用户规模为10.53亿人，较2022年12月增长4145万人，占网民整体的96.4%[①]。这意味着中国网民规模大幅扩大，大部分中国人都在使用短视频，短视频成为重要的信息传播渠道。根据《中国短视频发展研究报告（2023）》，抖音日活数稳定在6亿人以上[②]，远超其他短视频平台，可见抖音成为获得受众普遍追捧的短视频生产传播平台，为城市形象传播开辟了新道路。

正如马歇尔·麦克卢汉（Marshall Mcluhan）所言，媒介即讯息[③]。短视频这一新媒介的出现，不仅可以更新人们的娱乐方式，还能赋予人们更高的主体地位，在城市形象的塑造中占据主动性。短视频的低门槛、互动性、易操作性，使城市形象在塑造中添加了大众文化元素，日常生活具有打动人心的共鸣作用，这对塑造城市新名片发挥着重要作用。短视频和城市形象的相互配合带来新的经济效应和影响力，对推动城市品牌的打造和城市旅游发展具有重要作用。其中，抖音短视频平台成为城市形象塑造的新高地，根据《城

---

① 第53次《中国互联网络发展状况统计报告》，《CNNIC》，2024年3月22日，第1页，https://www.cnnic.cn/n4/2024/0322/c88-10964.html。

② 国家广播电视总局发展研究中心、国家广播电视总局监管中心等：《中国短视频发展研究报告(2023)》，中国国际广播出版社，2023。

③ 马歇尔·麦克卢汉：《理解媒介：论人的延伸》，何道宽译，商务印书馆，2000，第33页。

市形象新媒体传播报告（2023）》，2022年7月至2023年5月，抖音平台一线与新一线城市相关视频的数量整体呈上升趋势①，以抖音为代表的短视频平台成为新媒体时代塑造城市形象的重要载体。依托抖音短视频平台，西安、重庆、成都等一批西部城市迅速崛起，大规模吸引网络流量，成为网红城市。抖音打破了以往的城市影响力分布格局，中小城市因此获得了大放异彩的机会。抖音为城市发展带来契机，不仅可以扩大城市影响力，增强文化自信，还有利于提升居民的城市认同感。这使得城市在激烈的竞争中脱颖而出。

营造传播新形态，牵手城市促合作。依靠个性化推荐和精准化算法，抖音在城市形象的传播中更具针对性地推荐内容，不仅可以吸引更多的受众关注短视频的传播力，还可以拓展传播主体的身份。抖音的低门槛和易操作性，使城市形象传播的主体不再拘泥于城市管理者和专业人员，普通民众也可自主制作和转发短视频，在信息分享的同时也实现了传播者和受众之间身份的平等，促使二次传播的发生，使受众获得更高的愉悦感和满足感。抖音的易操作性和形式、内容的多样性可以满足多元群体的需求，从而激发用户的好奇心和创作欲。此外，短视频通常采用发布城市话题的方式，利用受众不服输的心理，激发居民作为城市主人翁的意识，使其积极参与到短视频的拍摄和制作中②。受众在制作短视频的同时也会关注到更多相关视频，从而产生的点赞、评论、转发等行为也会进一步推动城市视频的传播扩散。通过吸引参与、有效互动、营造话题等手段，

---

① 《城市形象新媒体传播报告（2023）——媒介演进赋能城市消费活力》，《复旦大学媒介素质研究中心、深圳城市传播创新研究中心等》，2023年11月9日，第21页，https://new.qq.com/rain/a/20231109A06ZN300。

② 冯雪瑶、吕欣：《"抖音"短视频中城市形象传播的问题与改进策略》，《新闻研究导刊》2019年第2期。

抖音在城市形象的传播中营造出新的传播形态。不仅如此，抖音还积极与各城市合作，不仅诞生"抖 in City"等城市传播话题，还衍生出线上线下相关活动，通过新鲜有趣的互动玩法，在全国多个城市掀起城市美好之旅。

抖音致力于挖掘城市特色文化，聚焦城市超级 IP 元素，通过线上话题的议程设置和线下活动的联动，激活城市独有的网红基因。在线上，抖音与西安、重庆、成都、南京等超多城市达成战略合作，全方位、立体化助力城市形象传播，与城市相关的政务号、抖音号纷纷入驻抖音，抖音与城市合作营造特色话题，例如武汉推出的"映像武汉"城市形象宣传短视频发布平台，上线一年以来共推出短视频 218 条，在视频号、抖音号等平台推出后，全网播放量突破 7 亿次[①]。一系列话题的设置吸引越来越多的用户通过短视频共同讲述城市故事、参与城市形象传播。人人参与和分享的新兴传播方式，改变了城市以往扁平化的传播，使城市更具鲜活感和可辨识度。在线下，抖音携手各大城市开展"心动之城"年度城市营销活动，自 2023 年以来，已经成功地在南京、西安、兰州、成都、郑州等多个城市落地。其间各种心动装置和活动，如优惠团购、消费券领取、特色文化体验等，鼓励用户探索城市的每一个角落，体验当地的风土人情和文化特色。从线上流量聚集到线下打卡消费，网红城市的"爆火"离不开抖音媒体与政府间的合作。其合作不仅可以为城市营造声势，也可以为城市带来消费增长点。

推动外宣建设，提升经济效益。传统的城市形象宣传片多侧重对历史文化、自然景观等方面的宣传，主题宏大、叙事严肃，容易

---

① 田豆豆、陈世涵:《纸媒、广播、电视、新兴媒体彼此交融湖北武汉——推进媒体深度融合发展》,《人民日报》2023 年 10 月 29 日第 8 版。

产生距离感。而抖音短视频多采用多元化的叙事方式和生动活泼的配乐等创作元素，并与创造性思维相融，形成新颖而独特的呈现方式。这不仅可以展现城市的文化和历史底蕴，也可以让名胜古迹、历史文物活灵活现地展现在人们面前。因此一些文化底蕴深厚却鲜为人知的城市借助抖音短视频平台迅速走红，以往的一线城市高关注度的格局被迅速打破，西安、重庆、长沙、武汉等一批城市涌入受众的视野，在短时间内获得较高的城市知名度，完成城市品牌的塑造。物质生活的提升和抖音短视频的感染力，促使受众产生强烈的游玩意愿，受众希望去景点打卡，用短视频记录分享城市体验。此外，抖音短视频平台的互动性和开放性，可以让其他区域的受众了解城市的特点，调动受众参与城市旅游的积极性。依托短视频平台，兰州市在2019年开始打造"千里之游、始于兰州"的旅游品牌形象，便迅速获得了极大关注，其地标性建筑中山桥成为网红景点，知名度快速提升，游客量也大幅上涨①。

　　通过音乐的带入、沉浸式的体验感受和抖音的精准分发，抖音可以将有趣的城市视频分发给感兴趣的用户群体，从而使受众产生"打卡"意愿，推动城市旅游的发展。2018年以来，抖音就和西安市政府进行了战略合作，通过话题营销等方式吸引受众参与短视频制作，吸引受众线下打卡。西安人民政府官网数据显示，2024年五一节假日期间，西安共接待游客1402.11万人次，比2023年增长5.38%；游客总花费114.68亿元，按可比口径较2019年同期增长38.3%②。抖音的

---

　　① 苗博雯：《短视频对城市形象传播的影响——以兰州为例》，《新闻研究导刊》2019年第21期。

　　②《"文博热""汉服热""演艺热"　千年古都彰显多重魅力　"五一"假期全市接待游客1402.11万人次》，《西安市人民政府网》，2024年5月7日，https://www.xa.gov.cn/gk/wtly/hddt/1787660072241963009.html。

线上传播激发了线下城市旅游业的新活力，"网红城市"效应带动更多受众走到线下，走入"网红城市"进行"打卡"，为城市旅游经济的发展注入新活力。抖音为受众提供了全新的旅游攻略和旅游形式，而受众也在探索中丰富着城市形象的新内涵。受众纷纷参与到短视频的制作和分享中，在旅游的同时录制和传播短视频，为城市带来了更广泛的传播效果，形成新一轮的城市形象传播，超出城市形象传播的意义本身，为城市带来新的经济增长点。

聚集城市凝聚力，形成集体认同。良好的城市形象不仅是城市的名片，也是城市竞争和发展的软实力，可以成为城市发展的无形资产，对于城市的招商引资有着重要的作用。良好的城市形象和较高的城市知名度可以获得城市居民的支持和维护，从而提升居民的归属感和对城市实力的认同感。良好的城市形象为居民提供好的生活环境，可以潜移默化地影响居民的心理，提升居民的整体素质水平，从而反作用于城市形象的进一步提升。居民、受众、城市在短视频时代高度互联，短视频凝聚起整个城市甚至网民的力量来维护和打造良好的城市形象。

短视频的诞生使得越来越多的居民参与到短视频的拍摄和制作中，居民从日常生活出发，记录朴素的生活场景，城市短视频更加贴合普通人的生活，城市视频不再严肃单调而是具有了烟火气息，平民视角的城市故事更加人性化和细节化，也更易于打动人心。居民身边的故事被记录、被传播，平等化的叙事可以感染更多普罗大众，生活在一个城市的人更易产生共同的情感，产生情感上的共鸣，而其他城市的居民也可以看到城市最真实的日常，所以城市形象可直抵人心，城市内外的居民都会对城市产生情感认同，致力于塑造更好的城市形象。短视频是按照受众和居民的喜好记录分享城市，也许不是高大上的景观和文化，但都是他们发掘的独特景观和城市体验，普通人的视角更易获得网民的认同。西安的肉夹馍、大唐不夜城，重庆的洪崖洞、穿楼轨道，长沙的茶颜悦色等城市新名片都是生动鲜活的，通过音乐、画面、文字融入短视频创作中。音乐、配音、特效等是达人创作的关键。以音乐为例，在城市短视频中，受众和居民热衷于使用与城市联系密切的方言音乐，以此作为背景，可以有效拉近与传播者的距离，还可以使受众与城市产生共鸣与情感认同。比如《西安人的歌》唱尽西安这座繁华都市的日常，在抖音上广为流传，还有此前火极一时的《成都》，等等，在很大程度上为城市带来了巨大的流量。

短视频打破了以往城市传播以官方为主的单向性，赋予受众以主体地位，受众深入生活，捕捉生活碎片和日常琐事，在城市的零星时刻和生活场景中去拼接城市形象，对城市场景进行积木式的搭建、记录，通过形状各异、大小不一的积木组合出短视频中主题鲜明、风格迥异的城市形象，辅助于城市整体形象的强化与记忆。受众群体规模庞大，短视频种类繁多，深入城市中，记录具有特色的城市生活，从重大事件到日常琐事，从标志性建筑到朴素街头，受众记录的是感兴趣的生活和城市景观，可能是花草树木，也可能是某一景观和特色。景观可以是精心拼接的细节，也可以是不断出镜的同一视角内容。虽然拼图式的传播对于构建城市形象具有重大意义，可以调动个体的力量，借助民众的视角去发现城市、记录城市、拼接城市，从小拼图到大拼图，呈现出良好的城市形象，整合出城市的内在特质、文化内涵、人情味的主题等，提高城市的竞争力。但是这种拼图式的城市传播也可能是不完善的、不全面的，不利于城市形象的立体全面塑造。此外，网红城市的持久发展也面临生命周期短暂，争相爆红而忽视文化底蕴的开发，硬件缺失而破坏城市日常等问题和难题。同质化内容、符号的扎堆涌现等也不利于城市的拼图式传播，积木的搭建会因缺少必要积木块而坍塌。因此关注城市的有效拼接，通过小拼图还原大城市是必要的，未来的城市拼图应聚焦城市的多维度建构，通过拼图式的短视频来塑造和传播全新的城市形象，还原城市独特的烟火气息。

第二节 理论基础

一、符号互动理论

符号互动理论最早是由美国社会学家乔治·赫伯特·米德（George Herbert Mead）提出的，后来他的学生赫伯特·布鲁默（Herbert Blumer）在整理、修改、完善之后，于1937年系统性地提出符号互动理论。符号互动论的理论基础是人与人的联系是基于象征意义的符号的，在符号意义的传递过程中进行互动，主要关注的是象征符号在不同的人之间是如何互动的[①]。"符号"可以指代特定事物或者传达特定意义，人与人交往所需要的语言、音乐、物品、景观等都属于符号。符号互动理论主要由三个方面组成：第一，根据对事物的认知形成对事物的行为；第二，意义不断变化，并在互动的过程中产生；第三，意义的内涵是由人来解释的。从总体来看就是，传播者首先按照事物的意义在互动中发出信息，受传者收到信息之后，传播者根据自身认知，按照一定的意义和意图在互动过

---

① 贾春增：《外国社会学史（第三版）》，中国人民大学出版社，2008，第259-264页。

程中发出信息，受传者接收信息后再根据自身认知对信息进行意义解读。互动过程中的双方在信息传递过程中通过符号传递意义，在这一过程中传播者的语气、态度等都会影响受传者的认知和理解。

符号互动理论强调社会的动态过程，意义的搭建是经过持续的沟通和互动形成的。符号是人类交往的主要介质，在符号的互动中完成意义的交流和互动。对传播者来说，符号是意义的承载；对受传者来说，需要对符号进行解码从而理解传播者的意义。美国符号学先驱查尔斯·桑德斯·皮尔士（Charles Sanders Peirce）曾指出："符号就是某人用来代表某物的一种东西，这种关系的建构可能是从某一方面，也可能是从某种关系上。"[①]因此，城市形象的塑造与传播需要对其进行阐释，选择有代表性的城市符号来提高传播效能。作为一种载体，短视频承载着各色各样的城市符号，通过城市单个符号的叠加达到城市形象的整合。依托符号的整合建构出具有独特内涵和个性的城市形象，进而明确短视频中的城市形象。在短视频的城市符号系统中，美食符号、景观符号、方言符号等都裹挟着丰富的意义，这些符号可以使城市形象更饱满，可以呈现出城市的文化内涵，建构出城市的价值理念，从而增强受众对城市的认同和情感依恋。抖音和清华2018年9月联合发布的《短视频与城市形象研究白皮书》指出，抖音短视频上的城市形象符号载体可以总结为BEST，"B"就是城市音乐（BGM），"E"就是城市特色饮食（eating），"S"就是城市景观景色（scenery），"T"就是城市中有科技感的设施（technology）。《短视频与城市形象研究白皮书》一书认为，这四类符号是城市美好生活的体现，可以呈现出城市生活的趣味性

---

① 李彬：《符号透视：传播内容的本体诠释》，复旦大学出版社，2003，第6页。

和生动性。

在城市形象短视频的传播中，城市符号以短视频平台为依托进行互动，在这个过程中受众的关注、点赞、评论、转发等社交行为也是一种符号化的互动。在短视频建构起来的虚拟空间里，人也逐渐符号化，受众的一系列操作都可以用符号的意义来进行阐释。点赞代表受众对内容的认可，关注在无形中拉近了与传播者的距离，评论是渴望得到回复的互动，分享是期望更多人看到并认可自己。用户之间并不是直接进行信息交流，而是通过点赞、转发等一系列行为来意指不同的符号内涵，从而达到互动的目的。受众之间通过符号的互动可以形成共通的意义空间，城市短视频成为沟通的媒介，彼此的互动就是城市形象的塑造过程，因此用户都可以成为城市形象塑造的见证者和参与者。在城市符号系统中，美食符号来源于最真实的街头生活，平民化的叙事视角下，美食变得可感可触，同时借助语言文字、配乐等符号可以真切地还原美食符号，从而强化受众对于城市的美食符号的辨识度和认可度。同时，短视频平易近人的叙事视角，可以真实还原城市场景和各种符号，从而共建出传播者和受传者在场对话的感觉，在受众者的沉浸式体验中，衍生出点赞、评论、分享等符号化的互动行为，符号不再是简单地呈现文化内涵和历史底蕴，在传受（传播与接受）双方的互动中，它可以达到只可意会不可言传的效果，在互动中传播城市形象，在意会中传递和激发受众对城市的想象。

二、叙事理论

在 1969 年出版的《〈十日谈〉的语法》中，法国结构主义符号学家茨维坦·托多罗夫（Tzvetan Todorov）最早提出叙事学这一概念，叙事学注重对叙事文本的研究，旨在对叙事和叙事作品做出解释①。经过五十多年的发展，叙事学已经逐渐形成成熟的理论派系，随着时代的发展，叙事学的跨学科研究成为主要趋势，符号学、心理学、修辞学等都逐渐被纳入叙事学的研究中，辅助叙事理论的发展。从总体来看，叙事学的发展经历了三个阶段：20世纪70至80年代的叙事学研究关注叙事结构、功能、话语等，被称为经典叙事学；后经典叙事学是第二阶段，这一阶段的叙事学开始关注媒介、历史文化语境，关于叙事学的研究开始跨学科化；第三阶段是数字媒体时代的叙事学，主要指依靠互联网进行叙事活动，是囊括叙事传播方式的新型媒介叙事模式②。在这一阶段，短视频的爆发使得学者开始普遍关注短视频叙事，短视频的叙事理念、叙事结构等与以往影视叙事有所不同。媒介的发展推动着叙事学的发展，短视频这一新媒体的出现赋予受众平等的叙事权利，受众不再是单纯的观看者，而是可以参与到城市短视频的拍摄、制作、转发、评论等行为中，进行有效的沟通和交流。

在《数字媒体叙事研究》一书中，王贞子指出："不同的媒介由于其创作工具和传播工具的不同而具备不同的叙事方式。"③以往的影视叙事主要是通过画面讲故事，而今的短视频作为新的叙事载体，可以通过声音、文字、视频、图片、音乐等单一或者混合的方式来讲故事。短视频时代的叙事不管是内容还是形式都更具有互动性和开放性，互动叙事、多元叙事逐渐成为主流，短视频叙事走向"以

---

① 胡亚敏：《叙事学》，华中师范大学出版社，2004，第2版，第2页。

② 王卓：《短视频社交媒体的媒介叙事研究》，硕士学位论文，西北大学，2019，第3-5页。

③ 王贞子：《数字媒体叙事研究》，中国传媒大学出版社，2012，第2页。

人为本"。高互动性、强社交性等特点使短视频在城市形象传播中扮演着重要的角色，而由于短视频的拍摄者多为普通民众，其叙事主题、叙事视角甚至选择的叙事符号都与官方主导阶段的影视叙事不同，短视频叙事更注重于微叙事，多选取日常生活中的场景，来激发受众的共情能力，仿佛这一内容就是受众生活的镜像呈现。同时，传播主体也可以对视频内容进行剪裁、编辑、制作等，使熟悉内容陌生化，既能提升受众认同感，又可以给受众带来惊喜感。在短视频叙事中，素材的拼接、真实事件的还原等都是常用的叙事理念和手段，音乐、特效的应用是对城市场景的奇观化，围绕某一明确的城市符号拼接叙事素材可以成为城市标签。在短视频平台上，微观叙事的视角也使叙事符号趋向微小，通过美食符号、音乐符号等来呈现城市景观和文化特色，叙事符号可以有效承载和传达城市的意义空间，通过碎片化、世俗化、平民化的话语形式和微小的叙事对象来叙述城市中普通人的日常，在点滴生活的展演中透视城市内涵。

短视频平台将视频、文字、配乐等融为一体，不同元素的更迭可以产生多样的作品，给受众带来丰富的视听体验，同时丰富城市短视频的创作内容和形式。在城市短视频中，受众的叙事视角趋向多元化，既可以从第一视角进行拍摄，也可以反转镜头，从他人视角记录生活，视角的切换可以让受众在观看中发现更多的城市可能性。音乐的变换、道具的不同以及特效的混剪等都可以对视频内容进行排列组合，从而创作出更多元的叙事内容。同时，短视频时代的信息是流动的，是不受时空限制的。从叙事主体来看，人人都可以参与短视频制作与转发，叙事主体走向平民化；从叙事内容来看，短视频平台的数据更新和个性化推荐可以不断推送最新的城市短视频，保持内容的流动性；从叙事方式来看，主体的多元意味着思维的多变,受众对叙事方式的选择是灵活的,语言、文字、音乐等素材任意搭配可以创作出不同的城市短视频。最后,短视频改变叙事结构,在较短的时间呈现多样的素材或者完整的事件,打破叙事逻辑,拼接各个素材和元素,创造出具有感染力的短视频,可以唤起受众的情感沉浸,从而使受众产生对短视频的情感共鸣,强化对城市的情感认同。

三、空间生产理论

"空间"和"空间性"在20世纪后半叶逐渐成为批判学领域里学者普遍关注的问题。后来,爱德华·W.苏贾(Edward William Soja)在《后现代地理学:重述社会批判理论中的空间》中将其命名为"空间转向",主要是指人们对历史、社会、时间的关注开始向空间转移[1]。而最早提出"空间生产"这一概念的是法国哲学家亨利·列斐弗尔(Henri Lefebvre),1974年在《空间的生产》一书中明确提出。他认为,空间生产的核心观点是空间既是生产的产物也是生产的过程,强调对空间本身生产的关注[2]。此外,米歇尔·福柯(Michel Foucault)的空间规训理论和曼纽尔·卡斯特(Manuel Castells)的流动空间理论也是"空间转向"的代表理论。在空间生产理论体系中,列斐伏尔创立的"空间三元论"是以生产实践为基础的,他指出空间实践、空间表征和表征空间是三位一体的,空间是可以被改造的,依托社会生产实践,空间可以通过实践活动被重构,在这个过程中政治、经济、文化等要素都会对空间的重塑发挥重要

---

① 孙九霞、周一:《日常生活视野中的旅游社区空间再生产研究——基于列斐伏尔与德塞图的理论视角》,《地理学报》2014年第10期。

② Lefebvre H, *The Production of Space*. (Oxford: Wiley-Blackwell, 1991), pp. 38-40.

的作用。其中，"空间表征"主要是指呈现空间的方式，通过图文、视频、符号等方式来表现空间的意义。因此，依靠媒介的空间表征就是通过图片、文字、语言等内容形式来表现物理空间和社会空间的意义。尤其是互联网迅速发展的今天，社会文化现象需要空间生产理论的阐释和批判，短视频平台的崛起使地理空间超越时空界限在受众的手机屏幕中展演，其媒介空间表征和短视频作用下的城市空间再生产是城市形象传播必要的基础。

在城市形象传播中，所发挥作用的媒介不只是短视频平台，城市里的街道、公园等都成为具有意义的媒介，可以传递信息，辅助城市形象的建构。社会哲学家刘易斯·芒福德（Lewis Mumford）指出，城市不仅是物理空间的载体，也是社会关系的总和[①]。城市中的建筑都可以成为人们认知的呈现，可以承载公众的城市想象。在短视频中，社会化空间不再是无意义的存在，而是融合了城市文化、内涵、素养的再现，既可以彰显城市的底蕴素养和文化内涵，也是城市政治属性和商业属性的体现。城市短视频总是选取具有代表性的地方符号，但是符号的呈现往往需要城市空间中标识性的建筑物和易产生共鸣的空间来辅助，从而使符号具象化，呈现立体真实的城市形象，增强城市传播的特质和辨识度。短视频中的城市符号打破了时空界限，被拍摄、制作从而进入线上的流动空间，同时，短视频平台上的城市呈现总是结合城市空间特色，司空见惯的城市空间在创作者手中流动，线上流动空间和线下城市空间虚实交映，使得城市空间被赋予新的意义和属性，实现短视频空间的再生产。因此，在短视频平台上，可以看到各个城市的街道、景观和文

[①] 刘易斯·芒福德：《城市文化》，宋俊岭，周鸣浩，李翔宁译，中国建筑工业出版社，2009，第1页。

化，城市在线上空间中不断流动，一个个短视频碎片化的拼接逐渐还原成动态的城市空间。在这个过程中，城市空间中的地点可能被重新发现，例如重庆的洪崖洞和穿楼轨道，原有的现实意义被赋予新的意义，也有可能是原有地点的强化，不断强化城市空间的现实意义。

城市是政治、经济、商业的产物，短视频糅合现实城市空间和虚拟空间对城市景观进行再现，通过短视频特效、修辞和编辑制作等手法的融入使城市空间走红网络，必然会吸引资本和权力的介入，从而为迎合短视频的生产制作，或将实际的城市空间进行改造，以更好地适应短视频的拍摄视角，或改变实地空间，模仿一些爆红网络的城市空间，以创造更多可供短视频创作的城市空间。城市形象在短视频平台上的呈现效果成为资本和权力的主要关注点，镜头感、网红性会形塑城市空间的再生产。从资本层面上来看，短视频的视觉呈现和城市形象的传播效果会影响线下物理空间的再造和重塑。重庆"穿楼轻轨"为方便拍照打卡，政府专门设计一个超大观景台。政府的有意识营造，资本的流动和受众的自发拍摄打卡行为促成城市空间的形塑；从权力层面来看，短视频的生产主体去中心化，呈现出平民化、大众化的特点，因此其对城市空间的选择和进入就带有偶然性。城市空间的意义呈现依赖于创作主体的编辑制作，空间意义可能并不是城市空间原始意义的表达。在这个过程中，城市空间动态随机地被发现，空间意义也被数字化地再塑造。在短视频中，普罗大众可以行使媒介权力，不管是城市空间的再塑还是空间意义的再建构，城市空间都成为有记忆点的存在，被反复记录、打卡和分享，不仅有助于城市形象的传播，也助推了城市新形象的建构。

四、场景营销理论

"场景"来源于影视戏剧，后逐渐进入传播学的研究中，对"场景"的最早研究可以追溯到戈夫曼的"拟剧理论"，在社会中个体拥有的表演前台和隐蔽的后台在场景中不断切换，共同塑造着自身形象①。在欧文·戈夫曼（Erving Goffman）研究的基础上，约书亚·梅罗维茨（Joshua Meyrowitz）进一步延伸"场景"的概念，不同的媒介有属于自己的场景，传统的场所和地域界限正在消失②。移动互联网的发展进一步扩充着场景的概念，在《即将到来的场景时代》一书中，罗伯特·斯考伯（Robert Scoble）提出场景时代所需的五个基本要素分别是：移动设备、社交媒体、大数据、传感器和定位系统，场景时代的到来必将对人类生活和商业模式带来翻天覆地的变化③。在短视频平台上，移动端APP（application，应用程序）可以让用户突破时空的界限，随时随地都可以进行交流，仿佛双方在同一场景之内，这恰是短视频与场景的巧妙结合。在场景营销中，消费者购买产品不再只认准功能，场景可以影响消费者的体验，从而达到促进消费的目的。短视频平台的操作不断优化，可以使用户获得更高的体验感，吸引更多的用户参与。彭兰指出，"场景"不只涵盖空间的概念，用户的心理也应纳入其中。移动设备拍摄短视频并基于现实场景进行素材的重组和编辑，形成虚拟场景发布，受众的点赞、评论、转发等都在推动场景的延伸，场景的情感氛围不断发

---

① 胡翼青、杨馨：《媒介化社会理论的缘起：传播学视野中的"第二个芝加哥学派"》，《新闻大学》2017年第6期。

② 约书亚·梅罗维茨：《消失的地域》，肖志军译，清华大学出版社，2002，第2-6页。

③ 郜书锴：《场景理论：开启移动传播的新思维》，《新闻界》2015年第17期。

散，引发受众的情感共鸣①。

短视频的场景营销运用特效、音乐、真实可感的场景等为受众搭建起生动的线上城市场景，同时主动链接线下，与城市牵手合作，城市话题与城市活动同步进行，打造"线上+线下"的融合互动场景。城市短视频的场景营销通过线上虚拟场景的搭建吸引受众广泛参与，同时又在线下举办大型活动，打造真实场景，增强与受众的互动，线上线下同步响应受众的需求。在线上，城市短视频融合本土特色元素，结合生动的音乐和有趣的特效，增强作品的吸引力和感染力，同时科技元素和场景进一步融合，可以极大地展示城市独一无二的景观，使城市形象真实可感，深入人心。真实场景和虚拟元素的叠加使用，有节奏感音乐的带入和特效的沉浸式体验使得受众的时空区隔不断弱化。十几秒的短视频场景快速变换，受众在现实世界和虚拟世界中不断切换，无法明确区分现实和虚拟，现实场景对受众的影响不断弱化，场景的边界感不断模糊，产生与传播者在同一场景的沉浸感，形成身体的虚拟在场，不断被短视频吸引和拉扯，在围观中产生对城市的情感认同，从而促使受众产生去城市打卡的想法，将虚拟场景与现实场景联系起来。此外，抖音等短视频平台还开展了线下嘉年华等一系列活动，链接城市生活，深度挖掘城市元素，通过线下场景的搭建和线上话题的营销带动，虚拟场景和现实场景的边界进一步模糊，使受众的沉浸感进一步深入，对城市形象的认知更加明确，产生更深刻的城市记忆点。

在短视频平台上，拥有相同爱好与兴趣的人会拥抱成团，形成圈层。圈层传播中的情感因素正是场景营销发挥作用的重要元素。

---

① 梁旭艳：《场景：一个传播学概念的界定——兼论与情境的比较》，《新闻界》2018年第9期。

对城市有着爱好的群体对于城市话题有着较高的参与度，围绕城市内容进行创作，或对发布的视频进行点赞、评论等。传播者和受众之间形成强烈的情感链接，这一情感共鸣在虚拟场景和城市真实场景中流动，成为受众打卡行为的主要动力。不仅如此，城市短视频的场景营销更注重情绪的渲染，通过线上虚拟场景的呈现和圈层情感的渲染和线下真实场景的搭建来营造情感氛围，在提升受众体验感的同时完成目标。短视频场景营销赋予城市以感性价值，把握受众的情感，让受众的感受、情感、体验和氛围在短视频的观看中不断交织，从而达到场景间情绪渲染的作用，通过圈层中的好友安利、感兴趣博主推荐等方式完成场景到营销的转换。在这个过程中，抖音的精准推荐和庞大的用户池也发挥着巨大的作用。在短视频场景营销时代，短视频平台根据用户的行为操作抓取诸如地点、感兴趣内容等关键信息，在掌握用户兴趣的基础上，从短视频库中提取用户可能感兴趣的内容进行推荐，使城市视频得以快速传播和迅速渗透。

去中心化的短视频平台吸引民众普遍参与，民众的创造力在短视频的拍摄制作中体现，为城市线上虚拟场景的搭建提供更多可能性，同时，线下真实场景也会根据短视频的传播效果发生变化。城市话题的衍生和传播为城市打造诸多明确、个性化的标签，不断在现实拍摄中寻找更多城市场景，场景与城市深度融合，相互交融，短视频平台上的城市景观被赋予意义，形成城市场景，城市景观、场所被取缔，城市逐渐由特色IP和场景搭建，成为营销平台，完成到"场景营城"的蜕变。通过城市场景和生活方式来塑造城市，利用短视频平台的算法推荐和沉浸式体验，营造城市明确的个性和特色，同时短视频平台上大量城市视频可以依据城市话题进行分类，在视频的传播中营销鲜明的城市形象，城市话题的涌现有助于城市场景的发掘,城市的性格不断更迭。短视频的商业界限逐渐模糊,多元主体的参与使得短视频平台成为城市交流的空间,通过城市场景的表达和打造,创造出城市的独特性,而民众的参与也会反作用于城市场景的搭建,民众的创造力在城市中得以体现,其归属感也会不断提升。

第三节　短视频概述

一、短视频的兴起与发展

短视频主要是在长度上区分于长视频的视频形式,它以秒计数,一般十几秒到几十秒,依托手机移动端就可以实现视频的拍摄、制作和分享。短视频可以实现跨平台传播,在不同社交媒体平台上进行分享和传播。短视频在国外最早出现可以追溯至美国在2005年推出的UGC(user-generated content,用户原创内容)视频网站You-Tube平台。2011年问世的Viddy平台可以拍摄15秒的短视频,其与Facebook、YouTube的有效对接也使用户享受到即拍摄即分享的乐趣。随后,短视频平台不断发展,Twitter、Instagram、Givit、Keek等短视频应用相继出现。而国内短视频的出现也受到了国外的影响,国内短视频的最早出现可以追溯至国内各视频网站的建立,优酷、土豆等UGC视频网站的出现为国内短视频平台的出现奠定了基础。2013年,随着互联网技术的发展和逐渐普及,短视频正式出现[①]。新浪微博最早添加视频拍摄和分享功能,秒拍、腾讯微视等也迅速

---

① 李俊佐:《短视频的兴起与发展》,《青年记者》2018年第5期。

上市，但是网络技术的滞后制约了短视频的发展，相继出现的短视频平台并没有迅速火爆。4G网络的到来为2014年5月上线的美拍提供了发展契机，网络稳定性的增强和流量成本的降低让美拍迅速成为大众追捧的娱乐视频平台。2011年诞生的快手平台，在2012年转型为短视频社区，也因为其操作的便捷性和视频的趣味生动性，到2014年，在短短两年的时间内用户量迅速提升至7亿人。2016年，抖音短视频平台上线，短视频行业呈现爆炸式增长的态势，竞争逐渐白热化。总体来看，短视频平台的发展经历了三个阶段：第一阶段（2011至2015年），是短视频平台发展的萌芽期。在这个阶段短视频行业从无到有，快手和微视的推出吸引了用户关注度，用户对短视频平台的使用习惯逐渐被培养起来。第二阶段（2016至2017年），是短视频平台发展的增长爆发期。抖音、头条和好看视频的井喷式上线，掀起短视频全民化的浪潮，同时字节跳动依据算法推荐和个性化定制技术迅速抢占市场。第三阶段（2018年至今），是短视频发展的成熟稳定期。在这一阶段，短视频市场格局逐渐稳定，形成"南抖音，北快手"两超多强的竞争格局，微信视频号和小红书视频号推出，短视频行业的高红利吸引短视频平台不断涌现。

　　作为承载信息的新载体，短视频平台融合动态视频和语言文字等内容让信息的呈现和传递变得更加生动和立体化，短视频的实时分享功能也使得信息的分享和交流变得真实可感，可以满足用户信息交流和自我展示的需求，获得用户的普遍喜爱。而抖音的上线为短视频开启了另外一种可能性，抖音加入配乐这一功能，用户可以选择喜欢的音乐作为背景再拍摄制作短视频进行分享和互动，增添了短视频的感染力和生动性。因此，虽然抖音短视频2016年才上线，但是其个性化推荐的技术和短视频的趣味性使得它迅速抢占市场，获得广泛关注。从目前的市场格局来看，作为国内头部短视频平台，抖音、快手位列短视频市场第一梯队，占比近六成。同时，截至2022年6月，抖音用户的活跃渗透率达到了59.2%。截至2023年9月，抖音以7.43亿人月活，同比5.1%的增速独占鳌头。与抖音相比，截至2023年6月，快手平均月活跃用户为6.73亿人，两者之间还有一定差距。可见，抖音短视频平台依然是短视频行业的领头羊[①]。抖音之所以后来居上是因为抖音以人的体验为核心，并且迎合了视觉主导的消费社会，在大大增强用户表达权的同时，还深耕内容，促进用户消费习惯的迁移。

从短视频的发展阶段来看，短视频的发展大致遵循"工具—社区—平台"的发展路线。秒拍、美拍的兴起是短视频的起点，工具阶段尚未形成明确的竞争格局，用户沉淀不足，产品功能和特效是竞争的主要关注点，而随着用户的留存和沉淀，短视频进入社区阶段，用户之间的点赞、关注、评论、转发等促成早期快手的崛起。随着用户交流的演进和关系的积累，社区中的优质内容增加，内容变现开始涌现，平台出现，短视频平台成为有价值的商业平台。而短视频的发展依然是存在很多问题的，未来的短视频平台发展需要深耕短视频内容，促使内容多元发展，在泛娱乐化内容之外，多发展生活内容、新闻内容、学习内容等，同时也应该加大监管和审查，促使短视频平台良性发展。

二、短视频的传播特点

短视频平台的易操作性、低门槛性使得个人的表达权利和生产

[①]《2024年中国短视频行业市场前景预测研究报告》，《中商产业研究院》2024年1月3日，https://m.askci.com/news/chanye/20240104/0904502704330289642685546.shtml。

能力明显提升，无须专业的拍摄设备，只需要移动端就可以实现拍摄、制作和分享，使得用户习惯发生明显改变，不断提升着用户的认同和共鸣。由于短视频的时长较短，短视频多呈现明确、单一的主题，用户不仅可以清楚传达，也可以读懂短视频表达的内容，通过点赞、评论、转发等与视频传播者进行互动、沟通，在交流中激发共鸣，逐渐构建起属于用户的社交关系。同时短视频平台的分发模式和算法技术也使得个性化推荐成为可能，实时把握用户的需求，逐渐突破传统的传播格局，形成以短视频为依托的新传播生态。总体来说，短视频具有以下特点。

（一）制作简单，操作流畅，传受双方界限模糊

短视频平台设计简单，没有多余的页面，上下左右滑动即可进行视频观看和作者主页进入等操作，操作起来非常容易上手。同时短视频平台功能齐全，一部手机就可以完成视频的拍摄、制作、剪辑以及特效、音乐的添加，打破了以往视频拍摄制作的专业化装备要求，降低了视频制作和上传的难度，因此使用户从被动接受的受众转变为高度参与的创作者和传播者。普通人拥有了话语权，短视频平台的易操作性使用户逐渐形成使用习惯，视频制作的简易性使得用户拿起手机就可以拍摄视频和上传视频，短视频打破了以往精英阶层对信息传播的垄断，每个主体都拥有平等参与的权利，可以极大满足用户的表演欲和展示欲[1]，极大地调动了用户参与短视频制作和传播的积极性，传播者和受传者的界限逐渐模糊。

（二）跨平台传播，精准化推荐，满足用户碎片化需求

短视频以"短"取胜，十几秒的视频使用户利用碎片化的时间

---

① 谭宇菲、刘红梅：《个人视角下短视频拼图式传播对城市形象的构建》，《当代传播》2019年第1期。

就可以完成信息的获取，吸引时间有限的用户投身短视频平台，满足其快餐化的需求。因为短视频较短，所以其内容相对比较简单，也便于用户在有限的时间里完成信息的理解和接收。短视频平台根据用户的偏好和习惯对信息进行精准化的推荐，并且结合用户当下的需求和用户标签进行信息的分发，可以最大程度地抓住用户的眼球，满足用户的需求。为了进一步满足用户需求，短视频平台强化了内容传播和分享的渠道。短视频平台内容不仅可以在短视频平台上传播，也可以在微信、微博等社交媒体平台上实现裂变式传播，跨平台的传播和多方位的传播渠道以及短视频内容的精简生动可以更大程度上刺激用户在有限的时间内浏览短视频平台，也可以极大地满足用户的碎片化需求。

（三）传播形式创新，题材话题多样，增强用户沉浸式体验

短视频动态视频传播的方式本就具有吸引力，再加上特效、音乐、文字等的加持更具有感染力。同时，短视频达人与平台合作不断创新短视频玩法，其采用的音乐和特效等可能会被用户模仿使用，一方面短视频的传播形式不断创新，另一方面也会刺激创作者不断推出新话题、新形式，吸引用户的参与和创新。此外，短视频官方平台也不断推出新话题，以西安为例，抖音曾发起"在西安城墙统领千军"等主题活动，并上线诸多贴纸，吸引用户参与话题制作和视频创新，使得短视频内容和创意层出不穷。短视频平台的特效、音乐等都可以有效刺激用户的视听觉，让用户在短暂的时间里沉浸在短视频营造的虚拟场景之中，话题、题材都不断带动用户的想象力和沉浸式体验，从而进一步满足用户的精神生活。

（四）分享互动实时化，多渠道关系链接，社交属性强

短视频的分发扩散是迅速的，几秒钟的时间就可以扩散至整个

网络，并且其他用户可以迅速做出点赞、分享、评论等反应，用户之间可以进行互动交流，不仅实现传播即时化也可以实现互通有无。短视频平台通过通讯录、推荐关注等多种方式可以引导用户链接原有的社会关系，并通过互动关注建立全新的社会关系。根据马斯洛需求层次理论，社交需求是满足生理安全需求之后的更高需求。人是需要社交的，而短视频平台的用户池和多渠道的用户链接为用户打造了一个具有较强社交属性的平台。通过短视频的发布和评论互动，用户可以在短视频平台上交流和展示自我，而且这一互动开始链接线下。用户观看短视频在互动交流中获取信息，对于感兴趣的视频内容或许会做出"打卡"的行为，短视频的传播裂变实现跨平台、线上线下的社交。

三、短视频的功能

网络的提速和移动端的普及，为短视频平台得到用户青睐提供了技术支持。传统的图文阅读逐渐被视频播放所取代，在《资本主义文化矛盾》中丹尼尔·贝尔（Daniel Bell）提出，当代社会推崇的不再是印刷文化，而是进入视觉文化的时代[①]。短视频在视觉文化时代应运而生，视觉冲击所带来的刺激吸引着用户向短视频平台涌入，通俗易懂的视频内容、短小精悍的视频长度、生动直观的视觉刺激和跨平台裂变式传播使用户的碎片化需求、休闲娱乐需求等获得极大的满足。从总体来看，短视频平台具有以下几个功能。

（一）娱乐消遣功能

短视频可以帮助用户暂时沉浸在虚拟世界中而规避现实世界的

---

① 丹尼尔·贝尔:《资本主义文化矛盾》,严蓓文译,江苏人民出版社,2012,第112页。

烦扰与压力，从而获得心理上的满足，有助于释放压力。处于快节奏生活环境下的用户，休闲时间有限，闲暇时间是高度碎片化的，很难安排可行的娱乐活动，"刷手机"成为普遍的现象。短小的短视频刚好契合用户需求，不需花费太多时间，走路、坐地铁的碎片化时间被充分利用，再加上短视频内容个性化推荐的定制的特点可以给用户推荐感兴趣的内容，完美契合用户的需求，使得用户沉浸在短视频营造的虚拟世界中，释放生活压力。同时，短视频平台内容题材多样，音乐生动激昂，个性化、趣味性的特效和剪辑，不仅可以吸引转移用户的注意力，也可以带动用户的积极情绪，使用户忘却现实的不愉快，紧绷的心弦获得片刻的满足。短视频平台上如日常生活般接地气的内容也更容易引起用户的情感潜移，在指尖完成情感的释放，海量且不断更新的短视频内容让用户有刷不完的乐趣，短视频成为用户避世的法宝。

（二）人际交往功能

短视频平台的快速分发以及和跨平台的主动链接，不仅可以让用户通过内容的分发互动与其他用户建立社交关系，同时也可以主动汇入熟人圈，通过可能认识、通讯录等链接现实生活中的好友，扩充用户的社交圈。麦奎尔指出，电视存在着两个层面的社会交往，拟态社会交往是观众和电视人物建立的，现实人际关系是朋友、家人之间谈论电视内容形成的[1]。在短视频平台，人际关系裂变发展。每个用户都是信息的传播者，围绕短视频内容，不同用户之间评论、点赞等互动形成线上的人际交往。同时，相同观点不断集聚，跨平台的分享和传播不仅链接线下关于短视频的讨论，社交媒体平台上

---

[1] 季佳歆：《从"使用与满足"理论看真人秀节目与受众关系》，《传媒观察》2014第6期。

关于短视频的交往依然存在，从而进一步助推人际交往的发展。可见，短视频平台不仅在线上扩大用户的好友圈，还可以通过信息的传播、获取以及信息的交流进一步满足其社会互动的内在需求。

（三）自我展示功能

短视频的低门槛和易操作性使得人人都可以成为短视频内容的制作者和分享者。用户用短视频平台记录生活、分享日常、传递情感，视频内容在几秒之内就可以分发全网，并且迅速得到用户的反馈。短视频分发速度之快，互动性之强以及较高的用户到达率使得用户在每一环都能感受到自身的存在感。从另一方面来说，短视频平台将用户内容分发全网，其他用户的点赞、评论、转发等都是对视频内容的认可，极大地满足了用户的情感需求。此外，短视频平台叙事视角更偏向于日常生活，用镜头来记录普罗大众的生活，平易近人是其特色，内容更接近普通人的生活，用户在信息的观看中更容易带入自身，产生情感的共鸣，仿佛每一个视频都是自身生活的展现，用户在浏览视频的过程中感受到自身生活被展示，进一步增强情感的共鸣和传输。

（四）信息获取功能

短视频平台的高流动性和信息的快速发布性使其不仅可以满足用户娱乐、社交的需求，更是在用户的信息获取中发挥着巨大的作用。随着短视频平台的迅速发展，不少官方政务号入驻短视频平台，权威发布重要信息，主流媒体利用短视频传播信息迅速的特点发布重要信息并且及时辟谣，占据短视频阵地攻破谣言。在此背景下，用户通过短视频可以迅速掌握重要新闻信息。在疫情防控期间，短视频全面而细节地记录了事发现场的现实情况和进展，直观的表达方式和真实还原的记录提高了用户对疫情的理解度。同时，生活类、学习类、科普类短视频也不断涌现，短视频平台根据用户的需求进行个性化推荐，生活技巧、知识科普以及健康传播类信息有针对性地推送到有需求的用户手中，同时用户也可以利用短视频的搜索功能，主动寻找和发现自身所需的信息。

第四节　城市形象概述

一、城市形象的内涵

对城市形象的研究最早兴起于美国，20世纪60年代，凯文·林奇（Kevin Lynch）在《城市意象》中指出，城市形象是人对城市的感受和印象，城市的景观、建筑、文化等在人类头脑中印象的综合。这是关于城市形象最早的概念。林奇提出城市形象来源于公众对城市的认知、感受和评价，城市形象由理念形象、行为形象和视觉形象三部分构成，同时民众对于城市的总体感受是基于五个基本要素的，分别是城市道路、城市边界、城市区域、城市节点和城市标志物[①]。城市形象这一概念提出之后，许多学者相继进行了深入的研究和探讨，从政治、经济、文化等方面不断丰富城市形象的内涵，使其逐渐发展成为一个多元化的概念。我国对城市形象的研究开始于20世纪90年代，最早是在城市规划和设计中提出的，当时的城市形象概念还比较单一，主要是指城市景观，随后城市形象的研究被营销学、传播学、社会学等广泛关注，其概念也随着学术研究和时代进步不断丰富和发展。

---

① 凯文·林奇：《城市的印象》，项秉仁译，中国建筑工业出版社，1990，第41页。

　　我国学者主要从城市内外部民众对城市形象的总体印象上界定城市形象。罗治英用区域形象表述城市形象，认为区域形象是民众对区域优势的综合评价[①]；张鸿雁认为城市形象是民众对城市的一种感受，是公众对城市总体现状和发展趋势的看法与评价[②]；钱智等学者则认为城市形象是民众对城市实力以及未来发展的综合评价[③]。综上，城市形象是民众对城市建筑物等客观存在事物以及精神文明、文化内涵的感知和总体感受，在这个过程中媒介建构的城市形象也影响着民众对城市的总体评价。可见，城市形象是具有双重属性的。城市形象具有客观性，城市建筑、街道、景观是客观存在的，它们构成了城市形象中的物质基础；城市形象又是主观性的，是民众在脑中形成的城市形象认知，是对城市精神素养、文化内涵的主观感受。因此，城市形象具有以下几个特点：城市形象是综合性的，是民众基于主观、客观方面所做出的综合评价；城市形象是长期性的，城市形象形成不是一蹴而就的，离不开其历史背景和文化的变迁，民众的印象形成也需要时间；城市形象是差异性的，每座城市都有属于自己的建筑、文化和历史，因此所形成的认知自然存在差异；城市形象是具有标识性的，城市形象庞大的机体需要筛选出明确、个性化的符号与标识传递给民众，从而形成个性鲜明的城市形象。

　　城市形象是客观存在和主观感受的综合体现，其构成要素是复杂的，不同的角度有不同的建构要素。张鸿雁认为，城市形象的构成要素是理念系统、行为系统、视觉系统；也有学者认为，城市形象的构成要素包括客观的物质存在、空间印象、人文印象、城市经

　　① 罗治英：《地区形象理论与实践》，中山大学出版社，2000，第88-90页。
　　② 张鸿雁：《城市形象与城市文化资本论》，东南大学出版社，2002，第13页。
　　③ 钱智、曹利群、焦华富：《城市形象设计》，安徽教育出版社，2002，第30页。

济、文化等要素①。从受众的角度出发，城市形象的构成要素由宜商形象、宜居形象、宜业形象、宜游形象和原产地形象组成②；从符号学角度出发，城市形象的构成要素由设计性符号、城市设定性符号、城市建筑性符号、城市自然性符号、城市指示性符号和城市宣传性符号组成③。根据《中国城市形象六维度综合报告》，城市形象主要由政府形象、经济形象、文化形象、生态形象、居民形象、城市形象推广六个维度构成，通过这六个维度可以全面把握城市形象。其中政府形象主要是指政府的政治能力、服务能力、价值观念、社会治安、公务员形象等在民众心中的评价；经济形象是民众对城市经济发展、综合竞争力的认知；文化形象是民众对城市文化理念、精神内涵、历史底蕴以及文化基础设施、活动开展的综合感受；生态形象是城市气候环境、环保工作、城市基础设施以及交通的总体发展；市民形象则包括市民的文化素质、精神内涵等要素；城市形象推广维度主要包含城市的宣传推广工作以及正面新闻的报道等方面④。

二、城市形象与媒介建构

城市形象由三种形态构成，分别是"实体形象""媒介形象"和"认知形象"，其中"媒介形象"是城市形象认知的关键环节⑤。

---

① 何国平：《城市形象传播：框架与策略》，《现代传播》2010年第8期。

② 庄德林、陈信康：《基于顾客视角的城市形象细分》，《城市问题》2009年第10期。

③ 王晓峰、修艺源：《城市形象建设中的地域文化符号开发策略》，《人文天下》2016第3期。

④ 谢耘耕：《中国城市品牌认知调查报告》，社会科学文献出版社，2015，第40-51页。

⑤ 王朋进：《媒介形象：国家形象塑造和传播的关键环节———一种跨学科的综合视角》，《国际新闻界》2009年第11期。

媒介形象是媒介根据城市客观存在的建筑、景观以及政治、经济、文化等元素建构的城市形象，对受众的城市形象认知有着重要的影响作用。早在《城市发展史：起源、演变和前景》中刘易斯·芒德福（Lewis Mumford）就指出，民众对城市的主观印象离不开大众传媒的建构[①]。由此可见，城市形象本身就离不开媒介的传播和建构，城市形象的传播就是民众通过媒介对城市建筑、文化、历史的多元呈现形成自身对城市的印象和评价，达到认识城市、理解城市和接受城市的程度，从而有助于城市形象的立体化传播。身处城市内外的民众想要了解城市历史、城市文化和城市新闻，都需要媒介的介入。在数字化媒体快速发展的今天，短视频、电视等媒介将城市的每一个角落都编织在城市影像之中，无论受众身处何地，打开视频、文字、图片都可以接触到世界各地的城市形象传播，城市形象的评价形成不再只依赖受众的直接接触，视觉技术的发展使受众通过手机就可以沉浸式体验城市的景观、文化和风土人情，通过数字媒介对城市的再现，虚拟城市场景和现实城市场景交互，受众对城市形成综合、立体化的印象。

媒介建构主要强调媒介对现实的建构，是随着媒介技术的进步在建构主义思想的基础上发展起来的思想。在传播学中的最早研究可以追溯至传播学家沃尔特·李普曼（Walter Lippmann）在《舆论学》中提出的"拟态环境"的观点。李普曼指出，对于庞大、复杂的客观现实，人们难以把握和考察，需要通过一个简单的模式作为中介来认知，即通过大众媒介来简化建构复杂的客观现实，形成一种虚拟环境，人们的行为不再是基于客观现实的反应，而是对大众

---

① 刘易斯·芒福德：《城市发展史：起源，演变和前景》，宋俊岭、倪文彦译，中国建筑工业出版社，2005，第572页。

媒介建构的拟态环境的反应①。这一观点强调了媒介对客观现实的互动建构。从城市形象的媒介建构来看，媒体中的城市形象是政府机构、新闻工作者和民众等主体对城市既有印象的体现，其中存在着传播主体对城市新闻、信息的选择，城市形象的媒介建构是一个动态过程。

随着城市竞争程度的加深，媒介对城市形象的建构对于城市知名度的提升、城市经济的发展以及文化软实力的稳步提升等发挥着重要的作用。媒介技术的进步带来新的媒介生态，城市形象媒介建构的程度不断深入。媒介建构的城市拟态环境深入在受众生活的方方面面，移动端短视频利用受众的碎片化时间，在短暂的时空错位中将城市现实场景与媒介建构的虚拟场景融合，受众在二者的交互中形成对城市的总体认知。媒介在城市形象的建构中为受众营造了一个基于现实基础的虚拟城市形象，将受众个体和庞冗复杂的城市形象通过手机、电视等媒体链接在一起，受众可以快速获取有关城市的信息，并在信息的获取中得到关于城市形象的认知。受众通过媒介获取的城市形象并不能完全等同于现实的城市形象，在媒介建构中城市形象不再是一个现实的城市空间，而是被分解为不同的城市符号在媒介中进行意义的建构和生产。媒介建构的城市既是现实中的地理城市空间，又有媒介建构城市空间的烙印，为不同时空中的不同受众刻画着同一城市的不同城市景观和城市文化内涵，从而促使受众形成对于城市形象的特有认知。媒介对城市的建构并不是对城市的复制粘贴，而是对城市空间的再建构和意义生产，在意义的建构中促进城市空间的再生产。作为城市形象再生产的媒介不仅

---

① 沃尔特·李普曼:《舆论学》,林珊译,华夏出版社,1989,第239-241页。

串联起城市、景观和人，也串联起城市的过去与未来，同时也串联起城市的政治、经济、文化和精神内核，每一个层次的串联都进行着意义的生产。通过媒介的桥梁作用，现实城市和虚拟城市也紧密地串联在一起，现实城市的变迁会引起媒介建构中意义链条的动态变化，从而引起虚拟城市的变化，而虚拟城市的意义变迁也会反作用于现实城市场景的变换和再建，为迎合虚拟场景而再建城市空间。因此，受众的城市形象认知和评价会随着媒介建构的深入而不断变化和演进。

三、城市形象的传播媒介沿革

城市形象是复杂多变的，包含城市内外民众认知的评价。城市形象是与其相关的各类信息加工处理的产物，信息对城市形象的传播至关重要[1]，城市形象的塑造必须遵循媒介传播规律，民众认识社会的方式不再是直接接触和线下的人际交往，各色各样的媒介成为民众了解城市的主要渠道，因此，政府就必须顺应规律，利用媒介来对内对外建构和传播城市形象[2]。马歇尔·麦克卢汉（Marshall Mcluhan）提出"媒介即讯息"，媒介的深刻变革不仅推动着人类社会的进步，也对城市营销和城市形象的建构带来巨大的影响。在城市形象传播的演进过程中，媒介发挥着重要的推动力。根据《城市形象新媒体传播报告（2023）》，可将中国城市形象传播的媒介沿革分为三个阶段，分别是前移动互联网阶段、移动端图文阶段和移动

---

① 王宇澄、薛可、何佳：《政务微博议程设置对受众城市形象认知影响的研究——以微博"上海发布"为例》，《电子政务》2018年第6期。
② 谢金林：《网络时代政府形象管理：目标、难题与对策》，《社会科学》2010年第11期。

端短视频阶段①。

在前移动互联网时代，城市形象的传播主要以文字为主，传播主体主要是政府、专业人员和精英阶层，他们主要通过网站、报纸和电视来传播城市形象。公众在这一阶段的城市形象传播中主动性和可选择性较低，城市形象传播的高门槛和技术的专业性要求使得受众并不能参与到城市形象的生产和传播中。城市形象的传播主要是单向，电视的出现丰富了城市形象传播的手段，生动的画面丰富了受众的视觉体验。城市形象传播也出现了一批优秀的宣传片，投资巨大、制作精美、主题宏大的城市宣传片对城市形象的宣传起到了推动作用。但是刻板固化的城市形象宣传片和盲目跟风同质化的主题也使得城市形象的定位和个性并不鲜明，受众在被动的信息接收中并不能很好地区分城市特质。主流媒体自上而下的议程设置也禁锢了城市形象传播的多元化主题和创意化表达。

移动互联网图文时代是在移动互联网普及初期形成的，这一阶段大量的自媒体涌现，与传统媒体形成两分天下的局面，城市形象的传播也进入官方话语与民间话语相对峙的局面。自媒体和社交媒体平台逐渐成为城市形象传播的主阵地，传统媒体的权威地位有所松动，微信、微博成为城市形象传播的新平台。同时受众的自主性增强，面对多样化的城市信息，受众可根据自身喜好进行选择，不再像第一阶段一样只是被动接受信息的轰炸。受众也可以依托自身的粉丝积累成为城市形象的传播者，大量代表民间话语体系的自媒体平台在这一阶段崛起，打破官方垄断的城市传播局面，成为城市

①《城市形象新媒体传播报告（2023）——媒介演进赋能城市消费活力》，《复旦大学媒介素质研究中心、深圳城市传播创新研究中心等》，2023 年 11 月 9 日，第 8—9 页，https://new.qq.com/rain/a/20231109A06ZN300。

传播的新高地。但是图文的传播形式毕竟有限，专业性和技术性的要求也使得民间话语体系很难高屋建瓴地把握城市形象的全貌，自媒体的城市形象传播也是鱼龙混杂、两极分化。因此，自媒体城市传播影响力依然有限，官方渠道的主流媒体占据主要优势。

当移动互联网发展至中后期，4G网络的普及和流量资费的降低，使得视频传播的优势进一步凸显，短视频逐渐成为城市形象传播的风口。城市形象传播进入短视频阶段，内容形式更加多元化，动态视频的融入带给受众更大的视觉冲击，视频创作的低门槛吸纳更多的用户成为城市形象传播的主体，通过烟火气的城市日常和平易近人的视角让受众对城市形象有了更全面、立体化的把握。从传播范围来看，短视频可以打破时空界限，任何人在任何地方只要拥有一台联网的移动端就可以获取城市短视频。普通民众的内容生产视角平等，深入城市市井街头把握城市的脉络，这一点对受众具有更大的吸引力，视频的感染力通过情感的渲染进一步扩张。在这一阶段，短视频庞大的用户流量池和短小的视频内容对用户碎片化时间的迎合使得城市形象的传播范围、传播效果远远超越前两个阶段，同时个体的涌入使得用短视频记录城市景观成为潮流，人人狂欢的背后是超低成本的极大利益获取，趣味化、碎片化和业余化成为城市形象传播的新特征，充分达到了城市营销的目的。

通过移动端视频，用户不仅可以对视频内容进行点赞、转发等行为，也可以主动拍摄和分享短视频，在无形中参与城市形象的传播中。短视频平台助力城市形象的加速传播，城市形象推广模式趋向多元化，传统的政府主导型的城市形象传播方式走向政府搭台，民众唱戏的城市形象宣传模式。城市形象的传播不再由精英阶层全权把控，成为一种双向互动的模式。同时，受众也在指尖完成了从观看者到生产者再到体验者的身份转化，在短视频平台上，人工智能技术、传感器等新技术的应用，可以真实复刻城市场景带给受众沉浸式的体验和感受，使受众产生身临其境般的感受，多维刺激受众的视觉、触觉等，形成对城市形象立体化的感知。短视频平台的海量内容和个性化推荐机制可以给不同受众提供定制化的城市形象，满足不同受众的需求。城市形象的信息获取渠道发生变化，从固定的影视屏幕迁移到可以自由移动的移动端平台，城市形象传播的路径趋向多元化。但是，城市形象的建设是长期性和综合性的，城市管理者既要善于利用短视频的平台优势，调动民众的积极性，参与城市形象的传播中，也要注意到短视频对城市形象传播的碎片化、网红化特征，在城市形象的传播中注意历史底蕴和文化内涵的深度融入，打造立体、多元、内涵丰富的城市多维形象。

第五节　短视频对城市形象的影响

一、城市形象的短视频传播特征

城市营销意识的觉醒和互联网时代下新媒体技术的崛起使得城市形象和短视频的结合解决了城市形象传播在前移动互联网阶段、移动端图文阶段的痛点和难点，为城市形象传播打开了全新的局面。新、短、快、实、美的短视频迎合了受众的信息获取、社交娱乐等诉求，成为受众追捧和入驻的新媒体平台，为城市形象传播带来了全民参与、快速互动、个性化传播的新契机，也逐渐催生出诸如重庆、西安、长沙、武汉、成都等"网红城市"和各色各样的"打卡胜地"。线上的城市形象塑造链接线下的城市打卡，城市形象传播更加多元化、立体化，短视频上城市获得关注和流量转化为城市可观的游客涌入。而短视频城市形象传播具有与以往媒介阶段城市形象传播的不同，只有全方位、多元化地把握短视频城市形象传播的特点，才能更好地利用短视频的优势和特点，助力城市形象传播的持续性发展。从总体来看，短视频城市形象传播具有以下特征。

（一）平民化视角

传统的城市形象传播中，主体为政府和媒体，叙事视角高高在上。而短视频城市形象传播却有所不同，用户可以极大地参与创作，从平民化视角出发记录城市景观和日常生活。首先，用户参与城市形象传播的门槛极低，短视频平台的操作流程简单，容易上手，只要一部手机就可以完成，同时城市形象短视频的拍摄素材随处可见，不需要特别准备选题，制造故事性，有感而发随时记录即可。其次，短视频平台的"去中心化"特征使得每个用户的城市短视频都拥有平等展示的机会，普通用户成为城市传播的主力军，其视角主要集中于大众的生活，呈现平民化、碎片化的话语形式。最后，在城市的传播中用户通常从个体视角出发记录感兴趣的城市景观和美食特色等，网红景点不一定都是标志性建筑，名不见经传的街头也有可能成为打卡地，平易近人的视角和风格更能展示出真实、温暖的城市形象，从视角上引发情感共鸣，凸显城市的感染力。

（二）碎片化内容

短视频通常很短，有的甚至只有几秒钟，即使用户在忙碌的工作学习中也可以抽空刷短视频。这一点完美迎合了快节奏生活下的用户，其被工作、学习割裂的碎片化时间由短视频填补。以往城市宣传片动辄几分钟甚至十几分钟，很难吸引受众点击观看。而短视频几秒钟的传播时长，则对身处生存压力下的用户是一种很好的精神上的释放。用户不仅可以在日常场景中刷短视频，在旅游体验中，拿起手机就可以拍摄短视频，即可上传分享，不受时空的限制平等地传播出去。而从其他用户那里收到的点赞、转发和评论等成为用户再次创作的原动力，用户乐于利用自己的碎片化时间观看短视频，也乐于利用时间来生产短视频。碎片化、场景化的短视频打破了以往城市短视频传播的技术要求和时空束缚，用户随时随地就可以记录、分享、获取城市的信息，每时每刻都可以沉浸在城市文化的输出中。

（三）符号化叙事

城市是一个集合体，标志性建筑、街道、公园等都是城市重要的建筑符号，民俗、美食等都是城市重要的文化符号，城市里有各种各样的符号，而受众总是基于城市特色的符号形成对城市的印象。短视频短小精悍的内容不足以呈现主题宏大、庞冗复杂的城市全貌，总是筛选城市中最具特色的符号呈现给用户。生动有趣的城市方言、地方特色的美食和科技感较强的景观等都是城市叙事常用的符号。海量短视频内容和特色符号的多方位、全面化的呈现使得用户对城市代表性的符号形成深刻的认知，从而衍生出对城市的印象和评价。简化的符号也更容易在短视频的传播中彰显城市的个性化，从而形成爆点。同时来源于民众视角的城市符号，总是能更真实、生动地刻画城市日常，还原城市样貌，更能激发其他用户的好奇心和城市打卡的意愿。

（四）感官化呈现

短视频平台将竖屏、音乐、方言、特效等元素融合，从多维感官上刺激用户，多元呈现城市形象。首先，竖屏模式可以集中用户视觉，集中于被拍摄的主体，拉近彼此距离，营造在场感，同时顺应上下滑动的用户习惯，使得用户沉浸在城市短视频中。此外短视频平台上的配乐炫酷激昂，节奏感和感染力强，能快速将用户带入城市短视频的观看中，再配上多元化、内容丰富的城市玩乐短视频，更能从视觉、听觉等多维感官上刺激用户，呈现出城市短视频的生动和乐趣。而独具地方特色的方言歌曲，不仅可以带动感官体验，还能戳中用户内心，从情感上感染用户。最后，短视频平台融合个性化剪辑、反转拍摄等科技元素，应用各种新鲜有趣的创意玩法，以生动活泼的方式呈现城市的特色，激发用户的兴趣和参与感，使得城市形象的传播兼具个性化和多元化。

（五）交互化传播

短视频的出现使得城市形象传播的互动性明显提升，城市形象的传播不再只停留在评论、转发这一浅层次的互动上。从内容生产来看，短视频城市形象传播呈现出"政府搭台，民众唱戏"的交互式传播特质。官方机构与抖音合作推出具有地方特色的话题，吸引用户参与制作传播城市短视频，产生协同效应，为城市形象传播扩大声势。短视频的协同效应还体现在线上线下的互动传播，短视频平台突破时空界限，联通线上线下，将线上的城市流量转化为线下的游览量，在打造网红景点的同时吸引用户的线下游览打卡，形成"传播—打卡—再传播"的传播链，同时积极开展嘉年华等线下活动，通过有趣的方式吸引用户参与，反作用于线上的传播。最后，从传播方式来看，短视频平台内部存在用户之间的交流互动，同时它还打通了微博、微信、QQ 等社交化媒体，内容的传播具有开放性，城市形象短视频具有跨平台互动传播的特点。

二、短视频中城市形象的传播现状

短视频的出现为城市形象的传播提供了新的传播路径，普通用户根据自身喜好，真实地记录城市中的动人画面和有趣场景，可以还原城市的原貌和特色，是对以往城市形象传播恢宏叙事的补充，为用户提供了展示城市形象，表达城市情感的机会。同时，短视频趣味性和碎片化的内容特征迎合了当下时代背景下的用户信息接收喜好，扩充了目标用户群体，其高频互动的社交模式，也可以有效获得用户对城市的情感认同。短视频平台所有用户都可以参与的机制使得短视频平台的内容量巨大，"跟着抖音玩成都""稳中带甩玩南京"等话题都吸引用户的广泛参与，不少网红达人参与话题进一步带动用户的参与，使得城市短视频的内容丰富，数量巨大，足以应对不同用户对城市短视频内容的观看快速更迭。短视频提供了个人平民化视角的补充，成为城市形象传播的重要平台。

短视频协同传播、链接社交媒体平台的特点吸引了众多城市官方身份的入驻，通过线上线下和跨平台互动的方式对城市进行全方位的宣传。早在2018年，西安市文化和旅游局（原西安市旅游发展委员会）与抖音达成合作，通过城市话题、体验视频等方式，借助抖音的平台优势，向世界推广城市形象。此后，重庆、成都、兰州等城市也纷纷入驻短视频平台，线上线下话题活动的同步开展，使得城市热度快速提升。同时，用户主动参与设置话题，促进线上线下的互动，使得城市形象不断被挖掘和丰富。可见，短视频中的城市形象传播逐步走向官方政府与平台合作，借助官方发起力和短视频平台的优势吸引用户参与的传播现状。短视频平台线上线下活动的链接以及话题的同步开展，使得城市打卡行为不断出现和发展。

用户已不再满足于一时的短视频观看和浏览，更加注重体验性，同时短视频平台的用户群体依然是中青年群体居多，他们较容易产生城市打卡的意愿并转化为现实，从而使得短视频中城市形象传播从线上观看走向线下打卡。根据抖音旗下巨量引擎城市研究院发布的《2023重庆夜经济发展报告》，2023年以来，用户打卡重庆的热情持续高涨，1至5月打卡量超过700万人次[①]。作为爆红网络的"网红不夜城市"，洪崖洞、解放碑步行街、朝天门广场、磁器口古镇、观音桥、李子坝等成为用户前往重庆体验夜间经济的主要打卡地点。城市短视频多从微观、平民化视角来呈现城市景观和样貌。以往的城市宣传片总是从城市主要标志性建筑等出发进行叙事，严肃而不接地气，不易被接受。城市短视频是用户从个人视角出发，对城市特色符号的抓取，展现着个人对城市的理解，因此其创意性的表达和展现也反哺着城市景观的变迁，城市政府部门也会针对短视频呈现的景观、文化和民俗特色等进行城市景观的再建和修整，使其更加符合短视频的叙事风格，以求可以通过短视频全方位、立体化地展示城市样貌，从而还原呈现城市的文化内涵。这也体现了短视频中城市形象传播的新现状，即线上城市景观的呈现对线下城市空间再生产的影响，线上城市景观和线下城市空间生产呈现双向互动的特点。但是，短视频中的城市形象传播也呈现出定位不清晰、内容同质化生产、符号无新意等现状，短视频城市形象传播发展任重道远。

城市形象是城市的名片，亦是体现城市温度的"体温计"，良好的城市形象不仅可以提升经济的发展，也是对城市软实力和文化自

---

① 《2023重庆夜经济发展报告》，《巨量引擎城市研究院》，2023年7月17日，https://trendinsight.oceanengine.com/arithmetic-report/detail/971。

信的展示和彰显，因此利用新媒体环境下的短视频助力城市形象的传播和塑造是十分必要的。但是，从整体来看，短视频平台城市形象传播热度分布不均，重庆、成都、西安等中西部城市集体崛起，打破以往的城市流量分布格局，成为"网红城市"。作为当下中国最流行的短视频平台，抖音捧红了众多网红城市，因此主要就抖音数据进行分析。根据巨量引擎城市研究院发布的《2023美好城市指数——城市线上繁荣度白皮书》，在抖音平台城市打卡次数方面，2023年上半年一线城市同比下降1%，而新一线城市、二线城市和三线城市较去年同期都出现了显著增长，增长率分别为10%、9%和14%。在抖音平台城市打卡人数方面，2023年上半年一线城市同比增长19%，而新一线城市和三线城市的同比增长率分别为21%和22%，均超过一线城市①。不同于以往以综合实力等来评判城市，短视频时代的城市传播衍生出以流量和曝光度来评估城市传播力的新方式。根据鸥维数据基于全网城市监测大数据计算结果发布的《2023上半年中国网红城市指数TOP20》，西安、成都、重庆、南京、苏州等新一线城市进入榜单十强。在二十强名单中，中西部多个省会城市进入，同时带动周边城市进入榜单。作为新晋的"网红城市"，淄博、青岛、哈尔滨、洛阳依靠短视频平台的传播优势，记录和发现城市魅力，为其综合实力的提升奠定了重要基础。从整体来看，北京、上海、西安、成都、重庆、南京、深圳、杭州、苏州、广州网络热度指数最高，北京、上海、广州、深圳依然是第一梯队，而西安、成都、重庆等新一线城市作为第二梯队借助短视频的传播

---

① 《2023美好城市指数——城市线上繁荣度白皮书》，《巨量引擎城市研究院》，2023年11月18日，https://mp.weixin.qq.com/s/xwobbbLIT0JaNpV3GmeBBw。

力迅速崛起，受到网友的广泛关注①。短视频城市形象传播虽然中西部城市和新一线城市提供了新的传播路径，但是城市的综合实力、文化底蕴等依然是城市获得关注和持续发展的核心动力，在短视频中依然有大部分城市未能很好地出圈。作为网红城市，如果想让流量转化为现实动力，就要谋求高质量发展模式，将流量转化为城市发展的长久红利，将流量经济转化为增量经济，赋予经济新的发展动能，塑造真正的城市竞争力。

三、短视频对城市形象建构与传播的影响

短视频平台的出现和发展弥补了以往城市形象传播的不足和短板，成为城市形象传播的新路径，借助短视频平台的流量和分发机制，不仅可以提升城市的曝光度和知名度，也可以实现城市形象的优化，提升用户的参与度，展现立体化的城市形象，推动传统城市形象刻板印象的改变和城市形象的重构。但是，短视频平台在打造网红城市，促进城市经济发展的同时，也为城市形象的持久发展带来亟待解决的新问题与解决问题的新思路。

（一）短视频对城市形象建构与传播中存在的问题

1. 模仿至上导致城市短视频内容同质化

城市短视频的创意化表达、优质内容和特色城市元素的发掘是城市短视频爆火的主要原因。但是城市某一景点会引发用户的广泛关注和追捧，从而对城市的记录集中在这一景点上，相关话题、视频涌现，用户纷纷模仿，只是对一个景点的呈现，使得内容走向同质化。从短视频平台的议程设置来看，短视频平台发起的相关话题

①《2023上半年中国网红城市指数TOP20》，《鸥维数据》，2024年1月20日，https://mp.weixin.qq.com/s/fdLUGLc333nxforjFR36Mw。

容易引发内容的集聚和内容的雷同化，同时算法推荐机制也容易导致用户接收信息的同质化出现，重复内容反复拍摄反复传播。同时，一个城市景点的走红也会引发其他城市的模仿，根据城市网红景点在其他城市跟风建设，在短视频上发布相关视频后，不仅会让用户审美疲劳，同时也是对城市特色的磨灭。不根据城市特质去建设城市景观，一味地模仿跟从只会对城市形象的传播带来定位不明、特色不清晰等问题。

2. 碎片化、娱乐化传播导致城市内涵的消解

城市是一个有机整体，对其形象的呈现应借助丰富的城市符号，但是短视频平台总是集中于对某些代表性符号的呈现，而忽略其他符号。以重庆为例，8D立体城市、错综复杂的轨道交通、洪崖洞等相关元素传播广泛，但是与重庆历史文化相关的大轰炸遗址、十八梯等符号却没有得到有效的传播，可见碎片化的传播使得城市形象的建构失之偏颇。同时，短视频平台多通过趣味化的呈现方式来传播城市形象，但是多缺乏对符号背后文化历史内涵的挖掘，使得传播流于表面。短视频的传播使得用户也只是记住了景观和符号，但是对其背后的文化价值并不知晓。城市短视频使得城市形象的传播只停留在视觉层面，以西安为例，老城墙、兵马俑等景观背后有着深厚的历史底蕴，但是短视频只注重对其娱乐化的呈现，却没有很好地从文化层面进行引导，过度娱乐化对于城市文化、历史内涵消解作用明显。

3. 商业化和消费主义侵蚀城市空间

短视频平台作为盈利性质的平台，其商业氛围逐渐浓厚，一方面短视频平台发起一系列城市打卡活动，吸引用户前去旅游打卡，但是却只强调吃喝玩乐，其实是平台与城市背后合作机制的体现。

短视频平台开发出诸多的盈利模式，城市打卡话题等涌现，却又在平台短视频上插入门票购买链接和美食券等，刻意插入城市美食、景点等的购买链接，会引起用户的逆反心理，怀疑城市形象传播的真实性。同时，越来越多的商家和带货达人入驻抖音，为城市美食、景观做推广，通过城市短视频安插广告的形式冲击用户的习惯和观念，在带来愉悦的同时，激发用户的消费欲望，弱化理性的引导，注重消费主义的价值观诱导，也会影响用户的观感性。同时，城市文化也被商业过度侵蚀，以"摔碗酒"为例，游客接触的是商业化的文化意义，城市被消费主义侵蚀，严重影响城市形象的建构。

每个城市都想在人们心中种下一颗特别的种子。以往的城市形象传播由官方媒体和政府主导，效果不尽如人意。短视频的兴起使得用户可以在指尖上翻看各个城市"人间烟火"的现场表演，还原城市的温度、情感和生活，透过短视频用户看到各色各样的市井百态，看到高楼林立的城市景观，看到真实可感的烟火气息。个体化的传播让城市形象鲜活有趣，场景化的传播让城市景观平易近人，情绪上的感染力拉近城市与用户的距离，使得城市的文化、历史触手可及，城市魅力淋漓尽致地得以体现。但是短视频所带来的传播形态、传播内容、传播形式等的更新依然存在许多亟待解决的问题：城市短视频反哺城市空间的再生产，却带来同质化景观的涌现；城市短视频弱化城市刻板印象，却面临城市片面形象的深度刻画；城市短视频助推城市经济的发展，却也使城市文化面临消费主义的侵蚀；等等。这些问题都需要政府、平台的协同合作对平台内容、线下体验等进行把控与监管，发挥短视频城市形象传播的优势，通过碎片化的内容、市井化的视角和大众化的生产建构城市形象，以搭积木的方式还原和刻画真实完整的城市图景。

（二）解决问题的新思路

1.补充城市元素，展现城市立体化形象

短视频平台上的多元用户个体从城市旅游、饮食、交通、人文等多个维度来动态展示城市形象，短视频平台不限制题材，用户按照喜好进行拍摄，同时短视频兼具声音、画面、特效、音乐等元素，可以在视频创作的基础上进一步丰富城市形象的内涵。短视频平台在挖掘原有城市特色的同时，还能发掘新的城市元素，城市素材不再集中于传统的城市景观，科技感的设施、好喝的奶茶店等都可以成为城市的元素，例如对重庆洪崖洞、穿楼轻轨的发掘和多元呈现，是对重庆城市形象的丰富。短视频平台运用故事化、特色化的叙事方式来传播城市形象，不仅集中于城市景观，特色民俗艺术、街头表演等都可以成为叙事的内容，特效和音乐的加入调动了用户的体验感，让城市形象"活"了起来，城市名片更加立体。

2.利用"形象经济"，促进城市的可持续发展

"形象经济"是新概念，主要是利用事物的形象来获取利益，因此城市形象是经济发展的动力，利用城市形象宣传可以推动城市的可持续发展[①]。短视频平台对城市的曝光和传播，提升了城市的知名度，沉浸式的视频体验和被短视频唤起的创作欲望促使大量的用户从线上走向线下，从流量转化为城市真实的游览量，正如西安2024年五一小长假的游客量突破1.4千万人次，西安的旅游业得到极大发展。这不仅有利于城市经济的发展，也有利于城市资源的进一步开发，从而推动城市整体的可持续发展。同时，短视频平台还与城市合作举办大型线下活动和衍生线上话题，进一步推动城市打卡的流

---

① 闫晋瑛:《网络创意短视频对传媒教育的启示——以西安城市形象传播为例》，《陕西教育(高教)》2018年第10期。

行，推动用户的线下潜移，城市形象进一步传播，至此城市形象的崛起为城市旅游业和经济的发展带来新红利。

3.凭借新兴媒体，提升用户建构城市形象的参与度

新兴媒体的崛起和发展，使得个人被激发，拥有较大的主动权，大众传播向个人传播回归，普通民众成为城市形象建构的中坚力量。个体根据喜好拍摄城市短视频，每个城市短视频都参与了城市空间的建构，个体拥有了话语权，同时用户也可根据喜好点赞、转发、评论短视频，以城市主人的姿态进行传播，充分激发了城市个体的价值。用户的即时传播和即时互动，缩短了传播者和受传者之间的距离，自我满足的实现不断吸引用户参与到城市形象的传播和建构中。生活化成为城市短视频的主要视角和风格，城市形象具有了烟火气息，城市空间让用户拥有更强的代入感，从而让城市短视频的创作和互动再次吸引用户的参与。用户的不断扩充使得城市传播的范围进一步拓展，城市形象被重复建构，植根于用户心中。

4.弱化刻板印象，重构城市形象认知

以往的城市形象传播多通过主题宏大的宣传片，因此民众对大多数的城市形象认知往往是单一、标签化的，对城市有着一定的刻板印象。例如，对西安的认知为"历史古都"，而短视频短、平、快的特点使得城市形象的传播不再是单一景观和特色的传播，新的城市元素不断涌现。从西安来看，永兴坊"摔碗酒"凸显着西安人的豪气和仗义，无人机表演又为城市注入科技感，使得西安的形象更加立体化。通过民众喜闻乐见的元素，创新城市传播形式，使得城市形象得到广泛的传播，城市空间在传播互动中鲜活而具有生命力，城市的文化内涵、历史底蕴通过特效、音乐等的加持，不再冷冰冰，成为富有人情味的存在，城市短视频的创作和传播为城市注入时代

活力，在潜移默化中重构了城市形象，也逐渐修正着民众对城市的固有刻板印象。

短视频碎片化的传播方式和个体平民化的叙事视角，以拼图的方式对城市形象进行重构式和立体化的多元传播，使得用户对城市的认知从媒介上的城市想象走向城市体验和打卡，既通过短视频的个性化推荐推动城市形象的立体化建构，又通过多元化、多角度的短视频感官刺激推动用户对城市建构起丰富的城市想象，最后线上流量到线下城市体验的流动进一步推动着城市形象民间视角的再建构，也推动着城市形象经济的发展和刻板印象的弱化。

第二章　场景营城：短视频平台
城市形象的传播场景

　　"场景"是指能够带给人们美学意义与美好体验的地点或空间。传统的城市宣传主要依靠官方主导制作的城市宣传片，虽然传播优势在于视频内容制作精良，视觉层面具有强烈震撼力，但与受众的心理距离较远，较难激起情感共鸣。步入短视频时代，场景是城市形象的基本构建单元，不同的城市元素组合形成不同的场景，进而组合成可感知、可视化的城市形象，为人们展现更多的美好城市生活图景。凭借轻量、碎片、移动等特征，短视频能够将多个城市场景在较短时间内切换，观众可由此收获身临其境般的视觉享受和情感体验[①]，直观地感知到这是一座什么样的城市，产生不同程度的城市向往，而这种向往可以刺激短视频用户主动参与城市形象的拼图式建构与传播，展现出更多接地气的美好城市生活图景。

　　通过影像建构一个个城市场景，短视频平台将实体景观转化成互联网工业下的文化景观，重新延展了屏幕内外人与物的连接[②]，助

[①] 林峰:《移动短视频:视觉文化表征、意识形态图式与未来发展图景》,《海南大学学报(人文社会科学版)》,2019年第6期。

[②] 王昀、徐睿:《打卡景点的网红化生成:基于短视频环境下用户日常实践之分析》,《中国青年研究》2021年第2期。

力城市形象的建构与传播。本章将围绕短视频城市形象传播场景中的多元主体、传播机制、符号载体、叙事策略和可视效果等方面，探究短视频是如何建构城市形象的传播场景及其传播效果的。

第一节 城市形象传播场景中的多元主体

传统的城市宣传主要由官方主导制作城市宣传片在媒体平台上投放，虽然传播优势在于视频内容制作精良，视觉层面具有强烈震撼力，但与受众的心理距离较远，无法激起情感共鸣。短视频的崛起则革新了城市形象传播渠道，其低门槛性使得传播城市形象的短视频主体较为多元，形成了城市政府部门引导、主流媒体扩大宣传、网红达人和普通市民参与的传播格局。其中，大量普通市民的参与使得城市形象更加鲜活，打破了政府在城市形象构建上的主导地位，成为城市形象塑造与传播的必要主体。

一、城市形象构建中的官方行为

（一）政府部门开设政务抖音号

政府作为城市的管理者，在塑造城市形象过程中起着主导作用。随着短视频的兴起与发展，以抖音、快手为首的短视频平台积聚了越来越多的年轻人，各级政府部门也开始以政务号的身份，参与到短视频平台中城市形象的塑造与传播过程中。自2018年3月22日首个政务抖音号（共青团中央官方抖音账号"青微工作室"）开通后，各级政府部门纷纷入驻抖音短视频平台进行对外宣传。根据复旦大学媒介素质研究中心等发布的《城市形象新媒体传播报告（2023）》，截至 2023 年 6 月 1 日，全国 4 个直辖市以及 333 个地级行政区共有 268 个地区的文旅部门开通了抖音账号，开通率超过 70%[①]。

　　作为政府与老百姓之间信息沟通的新型桥梁，政务抖音号以本地用户为中心，以城市外宣和信息发布为功能定位，在宣传方针政策的同时也会发布一些体现城市软实力的短视频，引起用户关注，强化城市感知。以长沙市政府为例，其政务抖音号"长沙发布"通过挖掘多元城市符号，结合多样化的视听语言精妙叙述城市故事，塑造了长沙在短视频平台亲民实干、服务高效的政府形象，科技创新、企业发展的经济形象，内蕴深厚、多元繁荣的文化形象，时尚大气、生态宜居的环境形象以及爱岗敬业、友善助人的市民形象[②]。随着中国城市化进程的逐步加快，城市之间的竞争愈加激烈，城市定位与形象塑造呈现差异化。不同于"长沙发布"，上海市政府新闻办的官方抖音号"上海发布"，建构了一个兼具工业文明与自然生态、品质精神与多元文化、国际创新与智慧活力、亲民和善与安全保障的多元融合城市[③]。

　　政府部门在短视频平台上开设的政务抖音号，通过积极拥抱互联网上的流行文化，在与用户接地气的互动与融合中，形成了独特的"短视频+政务"城市形象宣传和推广模式[④]。这一方面极大地打

　　① 《城市形象新媒体传播报告(2023)——媒介演进赋能城市消费活力》，《复旦大学媒介素质研究中心、深圳城市传播创新研究中心等》，2023-11-09，第 20 页，https://new.qq.com/rain/a/20231109A06ZN300。

　　② 李倩倩:《"长沙发布"政务抖音对长沙城市形象建构研究》，硕士学位论文，湖南师范大学，2020，第 14 页。

　　③ 李明霞:《政务抖音号中城市形象的符号建构与叙事策略研究——以"上海发布"为例》，硕士学位论文，广东外语外贸大学，2020，第 19-33 页。

　　④ 邓元兵、赵露红:《基于 SIPS 模式的短视频平台城市形象传播策略——以抖音短视频平台为例》，《中国编辑》2019 年第 8 期。

破了老百姓对于政府以往城市宣传的刻板印象，削弱了两者间的距离感，另一方面更具立体性、全面性和代表性的官方视频内容也将有助于城市形象的构建与传播。与此同时，城市政府部门在通过短视频打造自己的城市形象之时，要注意充分挖掘和利用城市特色元素，探索与用户的多样性互动，增强视频内容的趣味性，把握如何利用短视频进行城市宣传的基本规律。

（二）主流媒体增强传播影响力

对于城市而言，传统主流媒体入驻短视频平台，在原有影响力的基础上又扩大了影响力，对城市形象的传播起到了助推作用。2017年3月开始，以报纸、广播、电视台为代表的主流媒体积极布局短视频新媒体，以抖音为主、快手为辅，从中央到地方各级主流媒体纷纷开设官方短视频账号，扩大自身的业务范围。国家广电总局监管中心发布的《2020短视频行业发展分析报告》表明，该年份中央级广播电视机构在抖音、快手的账号数量为294个，省级广播电视媒体账号数量5716个，同比2019年分别增长164.86%和745.56%。[1]相较于纯文字或图文报道，媒体以短视频的形式发布消息更加生动与贴近人们的日常生活，更容易获得用户好感与传播影响力。

在短视频平台，主流媒体往往兼具一座城市重要的"发声者"和城市形象"传导者"两种角色[2]。一方面，针对西安、重庆、成都、长沙等全民参与短视频创作的网红城市来说，当地媒体对城市的宣传引导可以起到锦上添花的作用。而对于大多数用户参与感较

---

① 《2020短视频行业发展分析报告》，《国家广电总局监管中心》，2020年12月3日，第7页，https://lmtw.com/mzw/content/detail/id/195210/keyword_id。

② 熊飞翼：《新媒体环境下抖音短视频如何建构城市形象——以"贵阳"为例》，《新媒体研究》2019年第22期。

低的城市,地级市媒体在短视频平台中的城市外宣,便成为其他用户了解城市的重要中介。另一方面,主流媒体可以基于短视频平台策划活动,鼓励本地短视频用户参与内容创新,增强用户黏性的同时传播正面的城市形象。例如,《温州日报》曾发起"@温州日报,传递温暖一刻"视频随手拍活动,鼓励市民借助短视频讲述身边好人好事,传播暖新闻,传递正能量。不同于政务类短视频账号更侧重于社会与政治方面的内容,媒体类短视频账号更关注市民类内容。一方水土养一方人,市民行为作为最典型的城市形象,可以使城市形象更具人情味。

主流媒体在短视频内容生产方面有着专业优势,即能够与自身媒体矩阵联动,深入发掘具有人情味的城市故事,创新内容生产与传播。但是,传统主流媒体在入驻短视频平台的过程中,普遍出现了说教语气浓、互动频率低等问题。对此,主流媒体应主动适应短视频平台的媒介逻辑,从严肃化的话语形态转向生活化,注重与用户的沟通感,并携手当地政府部门,共同引导短视频城市形象的塑造与传播。

二、城市形象构建中的公众参与

(一)网红达人的个性化传播

网红(网络红人),大多通过某个事件或某个行为被网民广泛关注而走红,拥有可观的粉丝群体并扮演着"意见领袖"的角色。随着旅游与休闲消费升级,短视频平台上诞生了一批城市旅游与美食探店类网红达人,成为宣传城市形象的重要创作者。他们向用户传达的不仅是城市内容,更具有个性化的理念、价值观与人格特质,带有浓厚的个性化色彩。例如,抖音知名旅游博主"@房琪kiki",

以 vlog（video log，视频博客）形式记录中国 34 个省、105 座城市的美景。"@房琪 kiki"或许不是旅游博主中去过地方最多的，但视频内容极具个人色彩，"声音温柔，笑容甜美"的真人出镜讲述彰显人格化传播，颇有诗意的文案与对生活的积极态度展现出个人魅力，目前已收获了一千多万粉丝，抖音获赞量高达 1.2 亿次，足以见其对城市的宣传推广效果。

网红达人对城市形象的个性化传播，体现在视频内容融入网红特色、善用直播与长视频、巧用粉丝效应推广三方面[1]。首先，网红达人常结合自身特色制作短视频，这种特色可以是拍摄角度、运镜手法、后期特效等视频制作上的与众不同，也可以是网红自身的才艺展示、性格特点、思想观念等方面的特点。如墙绘达人"@大新"，以短视频记录他为河南新乡的小屯村画的每一幅墙绘，吸引了许多游客前来打卡，展现了新乡的美丽乡村。其次，网红达人善于使用直播与长视频等新形式，以抖音平台为例，直播与长视频功能都需要积聚一定数量的粉丝才能开通，这在一定程度上也是网红优势的体现。运用长视频可以呈现更加完整的城市风光或新鲜体验，而直播可以与粉丝进行实时互动，使观看直播的用户更具现场感。最后，网红达人在制作传播城市形象相关的视频的同时，自身也可以成为城市的一种符号，吸引粉丝前来打卡。如杭州宋城主题乐园的抖音网红"@宋城小白"，视频中身着白色古装、跳着快节奏舞步，颇具特色，粉丝们纷纷前往景区打卡。

（二）普通市民的拼图式传播

短视频因其操作门槛低、内容娱乐化的平台属性，受到了大量

---

① 周思远:《抖音短视频的城市旅游形象传播研究》,硕士学位论文,湖南大学,2019,第 25—29 页。

普通用户的喜爱。各大短视频平台的品牌标语更是鼓励着用户记录和分享生活中的美好，如抖音"记录美好生活"、快手"记录生活记录你"、西瓜视频"点亮对生活的好奇心"等。当用户利用短视频记录日常生活，拍摄身边的美景风光、好人好事、特色美食、地方文化等，便开始了对城市形象的塑造与传播。普通用户的传播力看似微小，聚集起来却可以引发突破圈层的传播效果。如2018年一位抖音用户上传了一段15秒的"摔碗酒"视频，得到了快速传播，短时间内收获上千万次点赞，成为爆红视频。不仅使"摔碗酒"火遍全网，大量游客慕名前来跟风模仿，更使西安成为第一个被短视频带火的网红城市。在此后的2018年五一小长假期间，据西安当地旅游部门的统计显示，西安接待游客数同比增长69.05%，旅游业总收入同比增长139.12%[①]。

短视频时代，城市形象传播的主体完全下沉，普通市民参与到内容生产环节，利用短视频鲜活地呈现出居民视角下更加全面与接地气的城市形象，打破了政府与主流媒体等官方对城市形象传播的垄断地位。据抖音联合清华大学发布的《短视频与城市形象研究白皮书》显示，抖音播放量排名前一百的城市形象短视频中，八成以上是由普通用户拍摄上传的。个体参与短视频城市形象传播的差异性与碎片化，构成了一种独特的拼图式传播[②]，每个市民所发布的短视频中都记录着城市一角，如同若干碎片般共同拼凑成丰富多彩的城市拼图，解构了官方城市言说的宏大叙事。以南京为例，传统城

①《从"十三朝古都"到"网红城市"　西安加快打造国际旅游名城》，《央广网》，2019年1月3日，https://www.cnr.cn/sxpd/pp/xty/20190103/t20190103_524470489_shtml。

② 谭宇菲、刘红梅：《个人视角下短视频拼图式传播对城市形象的构建》，《当代传播》2019年第1期。

市宣传片多聚焦于南京的历史文化内涵，使人们形成了沧桑与古典的城市刻板印象。而在以年轻人为主的短视频创作队伍中，普通用户通过拍摄自身的生活片段，以年轻人的视角重新塑造南京的城市形象，使南京更为年轻化和现代化。普通市民参与短视频城市形象传播，无意识地塑造城市形象的同时提高了城市认同。2020年1至4月新冠病毒疫情在武汉暴发期间，短视频平台上涌现出了许许多多武汉市民拍摄并上传的短视频，镜头聚焦于坚守在抗疫一线的工作人员以及武汉市民的感恩行动等，共同构建出武汉"英雄之城"和"感恩之城"的鲜明形象。

短视频时代，城市形象的构建与传播由政府主导、媒体实施的单一模式，转变为政府部门宏观引导、主流媒体增强影响力、网红达人和普通市民共同参与的多元模式。城市是人的城市，城市形象传播的核心是人的风貌、情感与感受，人的参与和体验才是更有价值的传播[1]。普通市民的拼图式传播解构了以往城市宣传片的宏大叙事，来自市民的生活场景展现，使我们看到了更多接地气、有人情味的城市。

第二节　短视频平台城市形象的传播机制

短视频基于自身平台对内对外传播城市形象，主要采用三种传播机制：平台算法推荐优质短视频，给予城市曝光；内容垂直追踪热点流量，打开城市形象传播新窗口；用户分享触发裂变式传播，

---

① 彭兰：《短视频：视频生产力的"转基因"与再培育》，《新闻界》2019年第1期。

助力城市"出圈"。在这个过程中,要注重多种传播机制的融合与共建,产生多维、迅速、全面的城市形象传播影响力。

一、算法推荐提升城市的曝光度

大数据时代,短视频平台普遍使用基于算法推荐的内容分发机制。以抖音为例,抖音的智能算法推荐不仅有效节省了用户搜寻信息的时间,还满足了用户对信息的个性化需求,主要包括以下五种类型[①]:

一是基于用户行为的推荐。根据用户观看短视频时的点赞、评论、分享等行为,判断用户是否对视频内容感兴趣,继而向用户推荐该话题的视频。比如用户给两至三个西安美食短视频点赞,那么系统会初步判定该用户对西安美食感兴趣,继续给用户推荐其他点赞量较高的西安美食短视频。二是基于用户信息的协同过滤。抖音算法会根据用户账号的基本信息,对用户进行相似度匹配,寻找用户的"邻居",并将相似用户感兴趣的内容推荐给该用户。三是基于用户社交关系的精准推荐,包括以社交为主的强关系推荐,和以兴趣为主的弱关系推荐。抖音给用户提供了表达、分享和沟通的社交平台,一方面用户可以自己制作发布视频,获得其他用户的关注、评论或分享,另一方面用户也能与自己关注的用户或熟人好友展开互动。四是基于内容关联性的推荐。抖音算法会以相关性为逻辑原则,为用户推荐与感兴趣视频相关话题的视频,挖掘用户的潜在兴趣。五是基于内容的流量池叠加推荐。这是当前抖音最常用的算法推荐机制,有效减弱了上述几种以用户为中心的推荐可能造成的

---

① 许竹:《移动短视频的传播结构、特征与价值》,《新闻爱好者》2019年第12期。

"再中心化"。

其中，对短视频创作者影响较大的是基于内容热度的流量池叠加推荐。当用户上传视频作品后，平台系统会给每一个作品配以一个流量池进行分发。此后，根据视频的点赞量、评论量、转发量和完播率这四个关键指标，评价视频的热度即受欢迎程度，再对受欢迎度高的作品追加流量。在这样的推荐机制下，视频内容质量成为关键的评价指标，只要用户生产出优质内容，就有被平台大范围推荐的可能，普通用户也能获得极大的关注。对于短视频城市形象传播来说，智能算法推荐提升了城市的曝光度。如一段记录着一个藏族少年纯真笑容的短视频，一经发布便迅速获得了许多点赞、评论和转发，在算法多重推荐机制下爆红以后，不仅使镜头中这个男孩"丁真"走红网络，更为丁真的家乡带来了极高的曝光度和流量。理塘县这个原本并不为大众所知的地方，引起了无数网友的向往和关注。短视频平台中的庞大群体——普通用户，以其独特的微观视角记录着生活中的美好，在无数个镜头中多维展现城市的自然风光、城市建筑、特色饮食、文化底蕴、市民风貌等，参与城市形象传播。在这个过程中，短视频平台的多重算法推荐更是为优质城市形象短视频的广泛传播助力，有助于提升城市知名度。

二、内容垂直追踪热点流量

伴随着短视频的兴起与发展，抖音、快手等主流短视频平台拥有巨大流量，政府、媒体、企业、明星、网红、普通用户，受到吸引而纷纷入驻，用户有限的注意力成为短视频平台及其创作者们争相抢夺的对象。"垂直"是指内容与选择的领域保持一致，在激烈的流量争夺中，垂直领域正成为短视频的突破口。

实际上,不同定位的短视频平台本身就是垂直化的产品。比如,抖音的用户定位是年轻群体,主要为一、二线和新一线城市的居民,注重内容上的运营,抖音前三垂类①分别是美女帅哥、美食和音乐。而快手用户多为下沉市场,家族特征明显,社交互动积极性强,相对抖音,更重视人而非内容的运行机制,前三垂类分别为美女帅哥、游戏和幽默搞笑。这在一定程度上解释了为何网红城市多诞生于抖音平台。相比于其他短视频平台,抖音拥有契合的用户主体以及更友好的优质内容生产激励。

随着用户画像越发清晰,短视频平台内部的各细分领域得到深耕,视频品类从最初的生活类和影视类,扩展到目前的美食、美妆、旅游、教育、文化、体育、游戏等多个领域,呈现短视频内容垂类百花齐放的态势。短视频平台基于用户的点赞、评论、转发等行为信息,为每个用户打上标签,并向用户推荐具有同样标签的视频内容,因此每个细分领域都聚集了具有相同兴趣爱好的用户。

除此以外,在细分领域的内部也有垂直内容的传播设置,短视频平台或用户可以建立不同的话题标签或发起/应对挑战,激发人们的参与兴趣。比如,2019年以来,抖音联动全国多个城市发起"抖in City 城市美好生活节"品牌营销活动,号召用户记录城市特色,发现生活美好,创建了"#抖in北京#""#抖in杭州#""#抖in绍兴#""#抖in青岛#"等多个城市话题。短视频创作者可以自由选择感兴趣的热门话题并上传相关作品,在智能算法推荐的基础上,实现内容的垂直化生产。

同时,普通用户可以主动搜索热门话题,观看话题下的视频。

---

① 垂类,指垂直领域,具体是指在互联网中,按照不同主题和领域分类的某一特定领域。

对某一创作者发布的视频或相关话题感兴趣时，用户也会主动与创作者互动交流或者进行模仿。当大量的用户模仿视频出现时，会迅速带动热门视频或相关话题的广泛传播，形成一股模仿热潮。这可以理解为热门内容或热门话题的垂直化再生产，吸引越来越多的用户流量注入。除此以外，热门位置、热门话题与标签、热门音乐、热门搜索等聚集方式，都成为城市形象传播的重要窗口。

三、用户分享突破圈层传播

短视频传播城市形象的成功之处，往往在于用户分享式传播，即一种自发性的分享行为。在这个过程中，短视频城市形象的传播已经不局限于平台内部，正在持续扩大到其他社交平台和用户群体。比如，相关"山东曹县"的短视频在抖音初步走红后，被许多用户分享到自己的微信朋友圈、微博、今日头条等社交平台，触发了个体与个体、个体与群体、群体与群体之间的裂变式传播，山东曹县迅速成为广大网友的焦点。同时，媒体的关注对扩大圈层传播范围影响较大。当各大社交平台用户积极参与"曹县梗"的二次创作时，中央电视台、《光明日报》报社、《齐鲁晚报》报社等央媒和山东本地媒体聚焦曹县的汉服、棺木等特色产业，展现了传统文化与现代商业的交融，促使用户从形象印记到文明理解，最终形成价值认同。

短视频包含文字、图像、音乐、视频等丰富要素，在不同传播渠道都有极强的适应性。同时，为了更好地利用用户分享带来的传播力，短视频平台将用户分享机制设置为非常简单的模式，便于转发和分享。以抖音为例，用户的分享按钮位于屏幕右下角，白色箭头标识十分醒目，用户可点击分享按钮或长按屏幕，便可进入具体的分享界面。接着，用户可以直接分享给抖音好友，或分享到微信、多闪等平台,还可以保存视频或复制链接自行分享。在整个过程中,仅靠一只手便可以完成视频分享操作,设计非常简便。得益于用户分享和短视频的媒介特性,城市形象短视频得以突破重重圈层,实现在不同用户、不同群体、不同平台之间的自由流动。相应地,通过短视频在其他社交网络的不断扩散,可以吸引更多人成为平台的新用户,促使他们加入相关话题的短视频创作中,持续追踪热点流量。

圈层化是短视频社交平台的重要特征之一。一方面,定位不同的短视频平台拥有自己较为固定的圈层化社群;另一方面,平台内部的众多视频垂类也吸引着不同圈层的用户聚集。在对城市形象短视频传播的过程中,用户的分享行为主要出于自身的兴趣偏好和实际需要,在传递信息的同时表达了对视频内容的价值认同等情感。用户分享城市形象短视频可以突破所在圈层范围,让其他圈层群体迅速接受,褪去原有圈层的标签,进而形成大众关注的热点,提高城市形象话题的讨论热度,为城市形象的营销起到建设性作用。

第三节 城市形象传播场景中的符号载体

信息的传播需要符号作为载体,而城市形象便是由一系列符号建构起来的集合体,人们常借助独特的符号形成对一座城市的印象与记忆。作为城市的独特标识,不同城市符号传递着不同的城市文化与个性。城市需要发掘出能够代表城市文化特征、具有辨识度与传承价值的标志性符号,打造城市特色,采用差异化策略从若干城市中突围。通过对城市形象进行影像化符号挖掘,短视频打造了一批识别性强、共识度高的传播符号，包括城市景观与科技设施等实物符号、特色美食与城市音乐等感官符号、风俗文化与传统活动等文化符号、热播剧目与出圈视频等影视符号、城市居民与网红达人等人物符号。

一、实物符号：城市景观与科技设施

城市景观与科技设施是城市历史文化和现代科技的实物展现，作为地域标志性符号，集中体现了城市个性。通过实地游览或视频观看，观众可以对这座城市产生最直观的感受，形成城市记忆。通过短视频平台，广大市民进一步挖掘极具特色的城市景观景点，释放出城市的"旧"与"新"、"人"与"景"等文化意蕴，展现新时代下的文化风情[1]。如重庆的李子坝"穿楼"轻轨，伴随着磅礴的音乐，长长的列车从居民楼中飞驰而来。独具一格的设计使这列轻轨成为中国当下的网红奇观，大量游客慕名而来，重庆山城的地域特色也由此得到体现。如重庆洪崖洞因酷似动漫《千与千寻》里的场景而成为网红景点，展现了巴渝传统的建筑风格。重庆李子坝"穿楼轻轨"、洪崖洞、长江索道等网红景点在短视频平台上掀起了一股热潮，使重庆成为最受欢迎的城市之一，为城市带来了可观的旅游收益，如在2024年五一节期间，网红景区洪崖洞民俗风貌区和磁器口古镇景区接待游客数分别为62.4万人次和38.4万人次，远超传统的5A级旅游景区。[2]不同于以往重庆官方宣传片所展现的宏大图景，

① 杜积西、陈璐：《西部城市形象的短视频传播研究——以重庆、西安、成都在抖音平台的形象建构为例》，《传媒》2019年第15期。
② 《接待游客684.9万人次！"五一"假期重庆文旅"成绩"亮眼》，《光明网》，2024年5月6日，https://baijiahao.baidu.com/s?id=1798264235542735001&wfr=spider&for=pc。

与重庆相关的短视频着眼于城市的各个角落,生活化的表达方式也在重塑着重庆的城市形象,重庆从抽象的"山城"转变为"8D魔幻城市",短视频为城市注入了新的活力。

城市实体形象的塑造还体现在城市的基础硬件设施。相比于承载着历史文化的城市景观,科技设施可以充分彰显城市的现代化魅力。《短视频与城市形象研究白皮书》显示,具有科技感的设施已成为短视频平台上极具传播力的城市符号,它将科技感注入市政与旅游设施,从而形成一种打破原有认知的新奇感,以新奇感取代平庸感,可以快速吸引受众的注意力。如开封的城墙3D电影《微梦·大梁门》,将古城墙与5G技术相结合形成沉浸式的虚拟环境,重现开封城摞城的奇观,为观众带来强烈的视觉冲击体验,不断吸引着各地网民前往体验,并在短视频平台上形成二次传播。例如,一条陕西历史博物馆文物陶塑人头像"开口说话"的短视频在抖音发布后爆红,仅仅四天的播放量就突破了1.18亿次;西安大雁塔地铁站的网红"钢琴阶梯",踩上会奏出美妙的音乐,这种富有科技感并且参与度高的设施在短视频平台上广泛传播,吸引众多网友进行模仿挑战。据抖音平台统计,截至2024年11月28日,"抖音话题#网红钢琴楼梯#"累计播放量已达470.9万次。利用新奇感和强大的视觉冲击力,城市中的科技设施可以直击用户的心智,驱使用户拍摄眼前的特色景观,并上传到短视频平台,助推城市文化形象的传播。

值得注意的是,在短视频以实物符号建构城市形象的过程中,地方政府并非也不应当是袖手旁观者。当穿楼而过的"李子坝轻轨"成为网红打卡地后,重庆当地政府特意为此修建了观景台,既方便游客拍摄,也极大缓解了交通拥堵情况。网红景点可以为城市带来"流量",扩大城市宣传影响力,但同时也吸引了许多慕名前来的游客，给城市交通或园区景点增加了压力，当地政府应统筹领导"网红城市"的建构，加强人员疏导工作。

二、感官符号：特色美食与城市音乐

民以食为天。作为城市最富吸引力的感官符号，饮食贯穿着人们的日常生活，体现着不同地域的文化特色，构成了城市最深刻的记忆。如提到火锅就会想到成都与重庆，提到面食对应的便是山西、陕西与河南，而提到羊肉串，自然是新疆一带的城市。地方特色美食作为天然承载着城市文化内涵的符号载体由来已久，自传统媒体时代开始，便成为城市宣传片中的主要传播符号之一。步入移动短视频时代，美食达人与普通用户纷纷参与美食短视频创作，与城市特色美食相关的短视频以井喷式爆发，其中，具有地方特色的小吃街成为美食符号的聚集地，如西安回民巷、成都宽窄巷子、洛阳老城十字街等。不需要特别深入的介绍，短视频所呈现出的琳琅满目的特色美食足以形成强烈的视觉冲击力，为此类视频带来较高的人气。与之相对的便是美食达人"探店"类短视频，一般以第一视角引领观众对地方特色美食进行深度测评，从各个角度表达对美食的看法与体验。如抖音美食达人"@小贝饿了"，以美食探店+大胃王的独具个人特色的风格持续输出美食短视频，美食探店遍布西安、武汉、广州、海南、杭州、重庆、长沙等城市。据抖音平台统计，截至2024年11月28日，她的抖音账号已经收获了1705万余名粉丝，点赞量达1.9亿次。目前，美食已成为各大城市宣传的核心要素，透过短视频，镜头近距离拍摄的食物细节直接呈现在观众眼前，令人垂涎欲滴的同时，也成为鲜明生动的城市符号。

音乐是一种可以渲染情绪和唤醒记忆的艺术表达形式，极易使传受双方达成情感上的共鸣，从而跨越时空与语言上的障碍，凭借科技而广泛传播。近年来，城市音乐与短视频的兴起相得益彰。音乐本身就是短视频中的重要元素，与画面相辅相成，共同构成观看短视频的沉浸体验。对于短视频创作者来说，可以任意选择或剪辑本地音乐作为短视频的背景音乐，也可以使用其他视频的背景音乐作为创作蓝本。这使得一些特色音乐在短视频平台具有极强的传播力，同时音乐的火爆也会为短视频带来流量。如赵雷的《成都》，歌词"和我在成都的街头走一走，直到所有的灯都熄灭了也不停留"，渲染出成都休闲安逸的城市氛围，表达了对依依不舍之情，唤起了无数人的情感共鸣，而"走到玉林路的尽头，坐在小酒馆的门口"一句歌词，吸引大量网民到成都玉林路上的小酒馆里拍摄短视频打卡。对于城市形象的塑造与传播来说，在歌词、方言、曲调上独具地方特色的城市音乐，依附于短视频这个媒介，不仅为传播城市文化形象提供了新的思路与渠道，更唤起了受众对城市的向往。如西安民谣《西安人的歌》，歌词"西安人的城墙是西安人的火车，西安人不管到哪都不能不吃泡馍"传达了西安的景点与特色美食，而曲调中的摇滚特色展现了西北人民的爽朗。透过方言演唱的歌曲，人们再次感受到西安的风土与文化魅力。

除了特色美食与城市音乐，方言也是一种传播力极强的感官符号，在近些年的影视剧中多有体现。比如，经典电视剧《武林外传》中展现了陕西、东北、天津、福建、上海、四川等多地的方言，给观众留下了深刻的印象。极富地域特性的方言，对短视频内容的加持可以更好地传播城市文化形象，展现独特的城市个性。但并非所有的方言都适用于短视频创作，这取决于方言的难易程度，具有"大众听觉，小众特色"的方言拥有更强的传播力。同时，方言符号的运用还需要短视频账号主体品牌化的配合，生产一系列运用方言符号、存在内在联系、有共同主题的短视频。

三、文化符号：历史文化与节庆风俗

短视频平台以用户生产内容为核心，通过用户深入发掘城市的文化符号。经过短视频传播的文化资源转化成文化资本，不断累积后形成良好的城市口碑，进而完成对城市形象的塑造与传播。历史文化是城市在长期发展过程中积淀下来的独特文化，城市在历史中诞生，并承载着历史继续前行。以西安为例，西安作为华夏文明的重要发源地，拥有着悠久的历史文化，注重对非物质文化遗产的传承，而这种传承也呈现在城市生活中。如在抖音上爆火的西安永兴坊摔碗酒，2007年，西安市在唐朝魏征府邸旧址上建造了永兴坊美食街，成为国内首个非遗文化特色街区。永兴坊以传统民俗为依托、以非遗美食为亮点、以文化展演为桥梁，充分彰显了西安的历史底蕴与美食文化。而摔碗酒的习俗源于陕南的一种接待尊贵客人的仪式，历史悠久并且特色鲜明，体现了淳朴的民俗风情。将酒碗摔碎寓意着"岁岁平安"，寄托着对未来美好生活的期盼。摔碗酒的新颖有趣吸引了无数网友，一饮而尽后的一摔，使人们体验到了平时难以体会的洒脱，促使其分享到短视频平台，引起裂变式传播。据抖音平台统计，截至2024年11月28日，"抖音话题#摔碗酒#"累计播放量已达23亿次，可见"摔碗酒"已成为西安最具代表性的文化符号之一。

节庆风俗是中华文明的瑰宝，因浓郁的地方和文化特色而多姿多彩。作为三大传统民俗的代表，英歌、社火以及花山节在快手平台十分火爆。潮汕英歌集戏剧、舞蹈、武术于一体，是潮汕当地以歌舞形式纪念梁山伯好汉的传统民俗仪式。社火是春节期间流行于民间的一种传统庆典狂欢活动，包括扭秧歌、赛龙舟、对歌等一系列活动，广泛流行于陕西、山西、甘肃、河北等省区，以祈求风调雨顺、五谷丰登。花山节又称"踩花山""跳花"节等，是苗族的传统佳节，源于青年男女的求爱活动。伴随着芦笙、唢呐、胡琴的演奏，身着苗族服饰的少男少女围绕场中央的花杆跳舞、对歌，有时还会举行射击、赛马、斗牛等活动。各地的节庆风俗令观者大开眼界，在节日的热闹氛围以及震撼人心的场面中，用户踊跃地拍摄现场视频上传到短视频平台，自发参与到城市形象的宣传过程，获得了极高的曝光与关注。如武汉市曾在2024年7月联合抖音生活服务，成功举办了"心动之城·武汉"活动，通过打造"舌尖体"传统美食品牌标签、邀请明星艺人作为城市"心动星推官"、整合城市特色商户进行优惠直播等多种活动宣传武汉历史文化、美食及特色品牌，最终获得了超过5亿次的线上曝光量，吸引了60多万名用户参与线下活动，线上交易额突破2亿元，圆满收官。①

节庆风俗有利于展现不同城市的风貌与文化底蕴，推动短视频城市形象的塑造与传播。与此同时，短视频平台也在不断地为弘扬传统文化发力。2018年，抖音发起"谁说传统文化不抖音"系列活动，陆续推出"非遗合伙人""我要笑出'国粹范'""谁说国画不抖音"等话题活动，致力于加大传统文化在短视频平台上的传播力度。2019年，快手推出"快手非遗带头人计划"，借助自身的平台优势，全方面开发与挖掘非遗文化和市场价值，为非物质文化遗产因此受到更多关注度。2020年，抖音电商启动"看见手艺计划"，依托全域兴趣电商模式，发挥平台内容、流量和技术优势，通过资

①《让烟火气更具活力！抖音生活服务"心动之城"武汉站圆满收官》，《汉江网》，2024年7月12日，https://www.hj.cn/content/2024-07/12/content_7243041.html。

源支持、官方培训、平台活动等多项举措，助力传统手工艺被更多人看见，手艺人、品牌和商家获得新发展，助力弘扬传统文化。2021年，抖音旗下的巨量引擎本地直营中心发起了"抖转新遗"活动，邀请了全国各地的非遗传承人以及娱乐、文化、文旅等领域的明星大咖联动发声，联动了北京、上海、浙江等总计10个省区，11个城市以及若干个文化单位，从多个角度挖掘城市文化积淀，助力城市传统文化获得认知和传承。①2022年，抖音联合《人民政协报》报社、《人民日报》报社、人民文旅等多家媒体，发起"非遗梦想家"系列直播，探寻年轻达人坚持传承非物质文化遗产背后的故事。2023年，快手推出"手上的非遗"展演活动，先是在四川成都锦江之上打造了水上非遗表演，又在重庆300平方米的大厦顶端打造了云端非遗表演，更多的人通过表演了解到了中国非遗及其传承人。2024年，抖音直播发起"新春序曲""dou来一起赏灯谜"等系列主题活动，邀请知名主持人、文艺院团演员、专业舞蹈演员、非遗传承人及广大非遗爱好者参与，用歌声、舞蹈、乐器和专业的解说传播非遗年俗文化。

四、影视符号：热播剧目与出圈视频

一座城市的形象，不仅体现在城市景观、地标建筑、文化底蕴等方面，还呈现在影视剧中。以重庆为例，十多年前的一部电影《疯狂的石头》展现了一个雾失楼台、群山交错的城市，其中生猛逗趣的西南方言给观众留下了深刻的印象。从《疯狂的石头》（2006年）、《三峡好人》（2006年）、《火锅英雄》（2016年）、《从你

---

① 《39位抖音非遗手艺人，在抖音唤醒一种文化、焕新一座城》，《凤凰网》，2021年9月17日，https://finance.ifeng.com/c/89biynrX0m6。

的全世界路过》（2016年）、《少年的你》（2019年）、《沉默的真相》（2020年）、《刺杀小说家》（2021年）、《坚如磐石》（2023年）到《热辣滚烫》（2024年），"雾都"重庆一直在影视作品中保持着较高的曝光度。影视剧目的热播加剧了重庆在短视频平台中的热度，解放碑、洪崖洞、拾级而上的十八梯、穿楼而过的轻轨、依山而建的居民楼、横跨长江的缆车等城市景点，以及锅底浓郁、颜色鲜红的重庆火锅等特色美食吸引着无数观众。以新疆为例，2022年，博主"@疆域阿力木"发布的一条关于背景真假的澄清短视频，众多用户围绕其展开二次创作，新疆美景因而初次走红。2024年，以新疆阿勒泰为取景地拍摄而成的微短剧《我的阿勒泰》，将"新疆热"推向了一个新的高潮。《我的阿勒泰》用4K超高清镜头，呈现了一个令人心驰神往的诗意远方。剧中频繁出现宏大而全面的远景，湖泊、草原、雪山、沙漠等自然景观应有尽有。同时，该剧用主人公视角展现了丰富而生动的牧民生活，他们逐水草而居，四处迁徙，以放牧牛羊和骆驼为生，定期举办阿肯弹唱会，用歌舞来赞颂生活等。《我的阿勒泰》的走红，有力地推动了新疆旅游业的发展，展现了阿勒泰地区独特的北疆边地风光和风土人情。当地还原剧中张凤侠的小卖部、孤独的树、夏牧场等"打卡"景点，赛马、自行车赛、民间音乐会、草原舞会、滑雪等一批线下活动也被纳入文旅项目。

　　"出圈"原是粉丝圈常用语，现指人或事物的知名度变高，不止被粉丝小圈层关注，开始进入大众视野。短视频作为城市形象传播的一个重要途径，已诞生了不少火遍全网的"出圈视频"，如"摔碗酒""毛笔酥""不倒翁小姐姐"以及李子坝"穿楼轻轨"等。这些视频不仅从短视频平台"出圈"，进入微博等其他社交平台中广泛传播，更成为城市的一种影视符号，吸引更多的人参与视频创作，扩大城市宣传力度。如山东曹县的走红。短视频创作者孙硕的一句土味十足的"山东菏泽曹县666"吼火了曹县，使这个位于山东、河南两省交界处的小城在全网爆红，从抖音迅速蔓延至其他主流的社交媒体和短视频平台，引起网友们的二次创作，如"北上广曹""宁要曹县一张床，不要北京一套房"等网络流行梗。与此同时，也有非常多的媒体与用户创作视频参与讨论，展现现实中真实的曹县——"芦笋之乡""书画之乡""戏曲之乡""武术之乡"以及全国最大的影视服饰生产基地、全国第二"超大型淘宝村集群"等，展现了一个历史底蕴丰厚、发展蒸蒸日上的曹县。"抖音平台#曹县#"话题已获得超过19.8亿次播放，再次印证了短视频在城市形象塑造与传播方面强大的表现张力。影视符号综合了视听艺术，具有丰富的艺术表现力，可以将城市风光与历史文化展现得更加生动形象，在城市形象塑造与传播过程中起着至关重要的作用。

以影视符号建构城市形象，包括对内和对外的传播。影视作品对内传播的受众主要是在这座城市里生活的人，关系到普通市民的归属感、认可度和身份认同，对外传播则多面向本城市以外的群体，"城外人"通过影像感知城市、了解城市，形成对该城市的主观印象[1]。影视作品中展现的美好城市形象可以唤起"城外人"的城市向往，刺激线下旅游消费，拉动城市旅游产业的发展，相对于城市形象的对内传播，对外传播一直更受当地政府的关注和支持。

五、人物符号：城市居民与网红达人

在城市形象短视频中，人物符号把在某方面具有代表性或突出特点的人当作载体传达信息，是最形象的传播语言。一方水土养一

---

① 孟志军：《城市形象的影像构建与传播策略》，《电影文学》2018年第15期。

方人。作为城市的重要组成部分,普通市民是他人了解城市的重要途径,直接影响到人们对一座城市的印象。短视频的媒介特性使用户特别注重视觉体验,外形或个性中饱含地方特色的城市居民成为城市形象传播的亮眼载体。如四川甘孜小伙儿丁真的意外走红。2020年11月11日,摄影师胡波拍摄了一段时长仅7秒的短视频上传至抖音平台,镜头中的康巴汉子丁真身穿藏袍,眼神清澈纯真,皮肤自然黝黑,有着干净腼腆笑容的他迅速收获了百万点赞,成为网红中的"顶流"。据抖音平台统计,截至2024年11月28日,抖音话题"#丁真#"已达127.5亿次播放量。在当地政府的助推下,丁真成为宣传其家乡理塘县的绝佳符号,使理塘县的文旅事业焕发新生。在此之前,西安大唐不夜城的"不倒翁小姐姐"再次将古都西安推上短视频平台的热搜位,吸引众多游客前去打卡,用视频记录她轻盈的舞姿。在广为流传的短视频中,"不倒翁小姐姐"以唐装扮相踩在不倒翁装置上,由远及近地扑到镜头前,微笑着向拍摄者递手,重现了大唐美人的风韵。除了个体代表,整体城市居民也可以成为城市的特色符号。如重庆一直被誉为中国的美女之都,在短视频的视觉传播助力下,塑造了重庆市民"高颜值"的城市形象。同时,重庆人民爽朗的性格也在相关短视频中有所体现,彰显了重庆的特色文化①。

短视频平台以用户生产内容为核心,成功捧红了一批具备城市标签的"素人",也吸引了大量网红自媒体达人的入驻。网红达人凭借对短视频用户需求与兴趣的精准把握脱颖而出,在各个领域持续生产受用户喜爱的优质短视频,可以在视频中传播各种城市文化形象符号,具有较高的影响力。如抖音网红"@果子哥哥",他用重庆

---

① 杨茜:《用户短视频传播下的重庆形象构建——以"抖音"APP为例》,《今传媒》2020年第1期。

方言重新配音流行视频，幽默风趣的话语和极具重庆风味的段子令许多观众捧腹大笑。将富有地域特色的方言运用于短视频创作，能够更好地传播城市的文化形象，也使短视频创作者收获了众多关注。"@果子哥哥"目前拥有粉丝数量505.1万，视频累计获赞3461.1万次。如海南省的一位网红水果种植户"@宝岛阿林"，在短视频中展现了许多海南特有的水果，令观众在大开眼界的同时产生对海南的向往。如西安市知名抖音网红"@兵马俑冰蛋"，作为一名"90后"西安导游，他通过通俗易懂的趣味解说，让用户可以透过短视频了解西安当地的历史文化，吸引了超过759.6万粉丝的关注，成为宣传西安的一张新名片。短视频平台中的网红达人具有较强的传播力，或直接或间接地传播着城市中的美食、景观、文化等城市特色，是短视频城市形象塑造与传播中的一支必不可少的力量。

总体而言，短视频对城市形象的塑造并不仅仅依赖于某一类符号，而是多元符号共同作用的结果，是城市内部与外部视角交融后的共同想象，促进了城市形象的建构与传播。在这个过程中，短视频中的城市符号需具备三个特征：一是可识别性，识别性强的城市符号可以突出城市个性；二是差异性，在千城一面的状况下，具有差异性的城市符号体现了一座城市独特的魅力，极大地推进了城市的生存与发展；三是象征性，利用城市的象征符号来表达内在的城市内涵与历史文化精神。

第四节　城市形象传播场景中的叙事策略

长期以来，普通市民作为城市形象重要的承载者和讲述者，却在城市形象的塑造与传播中处于"失语"状态①。政府主导制作的城市形象宣传片，将城市置于古往今来的宏大叙事中，着重展示一座城市的历史文化、经济发展、政治职能等。在具体叙事方面，城市形象宣传片多采用航拍镜头，全景展示气势宏大的城市风光，再配以铿锵有力的背景音乐与字字考究的解说词，能够瞬间给观众以强大的感官冲击。然而，千篇一律的宏大叙事极度缺乏新意，传播效果大打折扣。短视频的兴起改变了以往政府对城市形象传播的一元化模式，变官方视角为民间叙事，主要采用以下几种叙事策略：个体化叙事唤起情感共鸣，丰富城市内涵；场景化叙事配合技术赋能，展现城市图景；互文性叙事整合城市形象，唤醒城市记忆。

一、个体化叙事唤起情感共鸣，丰富城市内涵

短视频制作的低门槛性，为普通用户随时随地拍摄视频记录日常生活提供了机会，缩短了影像与现实生活中的距离，实现了城市形象传播主体从政府官方到普通个体的转变，将宏大的城市形象融入每个个体和细节的叙事中，即个体化叙事。

个体化叙事的内容多为普通人日常生活的符号表达。根据《短视频与城市形象研究白皮书》，抖音热门城市形象短视频TOP100中，超八成来源于普通市民记录城市景观、特色饮食与文化等市井内容的个人创作。普通个体以碎片化、微观化的方式深入城市肌理，记录城市生活的所见所闻所感，更能唤起同为普通市民们的情感共鸣，展现城市丰富的人文内涵与烟火气息。比如，在抖音、快手、微视等短视频平台上，摔碗酒、毛笔酥等特色美食的"出圈"，激活了普

---

① 蒋栩根：《短视频时代个体叙事视角下的武汉城市形象建构——以自媒体"二更更武汉"短视频为例》，《科教导刊（中旬刊）》2019年第8期。

通市民的城市记忆，生产出海量碎片化的城市影像，呈现出油茶麻花、肉丸胡辣汤、甑糕、羊肉泡馍等更多接地气的西安美食，以及大雁塔、钟鼓楼、大明宫、兵马俑等历史景观与网红酒店、网红地铁、无人机表演等现代景观的碰撞，让西安的城市形象不再拘泥于"十三朝古都"的厚重，建构了丰富多元的城市形象。

从呈现形式上看，个体化叙事更体现了普通市民对城市生活的具身体验，凸显个人的独特视角与情感。用户可以根据自己的思路与喜好进行拍摄取材与剪辑加工，从各自的切身体会出发，展现对这座城市的理解①。在这个过程中，不同个体所记录的城市影像大不相同，既可以是传统工艺或特色美食，也可以是自然风光或网红建筑，即使记录的是同一个事物，也会有众多不同的角度与表现手法。因此，个体化的叙事形式可以借助短视频，以拼图的方法建构完整的城市形象，丰富城市内涵。

话语表达方面，个体化叙事多采用"第一人称"视角，在短视频中以"我"的主观视角讲述城市故事。与城市形象宣传片不同，大多数短视频记录者没有华丽的辞藻与巧妙的构图，话语间多是普通人内心的真实表达。根据情绪感染理论，人们往往能够捕捉他人情绪以感知周边人的情感变化，这一交互过程即为情绪感染。对于观众而言，从"第一人称"视角观看视频，可以产生更多的代入感，最能引起自己的情感共鸣的恰恰是那些城市市井中最鲜活而琐碎的片段。比如，抖音美食达人"@秋圆圆"带你吃成都，主要以第一人称视角引领观众探店处于市井角落的美食，并直接配以自己的原声讲述，使观众体验到与创作者一致的情感。

① 万新娜：《城市形象短视频传播的特征、机制与价值》，《中国广播电视学刊》2021年第2期。

二、场景化叙事配合技术赋能，展现城市图景

"场景"最初多用于影视领域，即在某个特定时间和空间内发生的行为，或人物活动的某种场合与环境。短视频的时长短、节奏快，难以完整展示时间的流动和逻辑的演变，在传播城市形象时多表现为单场景叙事或纯粹的空间展示，制造出视觉效果上的冲击感与现场感。城市形象短视频采用场景化叙事，通过构建一个个场景，还原真实的城市面貌，使观众获得身临其境的视觉体验，从而使故事更动人，人物更丰富，情感更真切[①]。

城市形象短视频的场景构建表现在时间和空间层面，有两种基本形态：一是场景作为叙事背景，这里的场景即为短视频叙事的发生场地；二是呈现为打断时间流的一种叙事方式，通过切换场景或不断转换视角来表现时间的转换。通过构建场景，城市形象短视频扩展了城市空间的延伸范围，不同城市场景带来的不同生活方式，为人们的日常生活带来了许多憧憬，构建了非本地人的空间想象[②]。以长沙为例，过去一提到长沙，人们可能会联想到"追星圣地"的湖南卫视，联想到"综艺之王"的《快乐大本营》，休闲娱乐是长沙的城市底色。短视频也抓住了长沙的网红基因，通过打造一个个休闲化与娱乐化的场景，成功使"茶颜悦色""文和友""坡子街派出所"等网红符号出圈，扩展了人们对长沙这座城市的想象空间。

场景化叙事配以新兴技术的运用，可以实现画面呈现的多样性

[①] 战令琦：《场景化叙事与符号化传播——以纪录片〈舌尖上的中国3〉为例》，《当代电视》2018年第6期。

[②] 王佳晨、金韶：《短视频对城市"地方感"的塑造和传播研究》，《齐齐哈尔大学学报（哲学社会科学版）》2021年第5期。

和可变性，获得强大的视觉效果。一方面，可以将城市景观与 VR、航拍、全景视频等技术手段相结合，展现城市的宏伟图景。另一方面，也可以通过定格动画、动画分屏、老照片立体化、移轴摄影等新玩法呈现城市风貌。短视频通过选择具有视觉冲击力的景观、人物与不同景观进行互动的图片或视频，配以节奏感极强的背景音乐进行快节奏卡点，造成短时间、强音效下的景观快速堆砌，使观众在短时间内产生"身临其境"的视觉体验，从而产生二次传播，增强城市形象短视频的影响力和传播效果[①]。

实际上，大部分短视频用户对于网红城市的实际接触较少，甚至很多用户从未去过该城市，但并不妨碍用户对于城市形象的认知。城市形象短视频采用场景化的叙事技巧，借助新兴技术为观众搭建了一个想象空间，全方位、多角度地展现出丰富多彩的城市图景，使观众逐渐产生了对于网红城市的认同与向往。

三、互文性叙事整合城市形象，唤醒城市记忆

"互文性"的概念最早在符号学家朱丽娅·克里斯蒂娃（Julia Kristeva）所著《符号学》一书中提及："任何作品的文本都像许多文本的镶嵌品那样构成的，任何文本都是其他文本的吸收和转化。"简单来讲，每一个文本都是其他文本的镜子，都是由其他文本吸收和转化而来的，文本间相互参照、彼此牵连，构建出一个极具潜力的开放网络，并以此构成文本过去、现在、将来的巨大开放体系和文学符号学的演变过程。叙事的互文性注重文本与其他文本、意义主体以及社会历史之间相互联系与转化的关系和过程。在短视频传

---

① 刘明明:《移动短视频的城市形象传播研究》,硕士学位论文,湖南大学,2019,第30页。

播城市形象的过程中，也呈现出互文性叙事的特点，体现在以下几个方面：

一是短视频创作者制作的系列城市主题短视频之间的互文，完成了城市形象全方位的信息整合。比如，政务抖音号@上海发布，创建了"魔都美食集锦"短视频合集，已连续发布113个系列视频介绍上海的特色美食，形成一个连贯的整体，共同建构上海的城市美食形象。据抖音平台统计，截至2024年11月28日，该视频合集已超过3291.2万次的播放量，取得了较好的传播效果。

二是对短视频添加话题标签，将一系列城市主题短视频集中在一起，使用户在浏览相关话题时，可以拼合原本碎片化呈现的城市形象短视频，将其作为一个连续的、整体的叙事文本进行考察，增加内容之间的联系，全方位传播城市形象。比如，"@上海发布"曾围绕重大城市议题发起"#可爱的中国奋进的上海#""#进博的热度上海的温度#""#遇见上海#"等话题活动，增加了城市议题的热度，实现城市形象短视频的聚合。

三是直接引用热播剧目、出圈视频、流行音乐等话语素材并二次加工，包括对已有素材进行节选、改写、重构，借用"戏拟""拼贴"等手段，形成传播文本与现实话语的互文[①]。例如，一首陕西方言民谣《西安人的歌》在抖音流行以后，带动起了一股拍摄西安美食美景的短视频热潮，而这些视频的背景音乐大多用的是这首歌曲。另外，短视频平台内引起广泛关注的热门视频，也会引发模仿、改编和重构的浪潮，衍生出新的视频传播文本，再重新彼此照应、交流和对话。

---

① 许竹：《移动短视频的传播结构、特征与价值》，《新闻爱好者》2019年第12期。

四是挖掘城市的历史底蕴，通过短视频讲述坚守、传承或创新历史文化的城市故事，体现了历史追溯与现实呈现的互文关系。贯穿古今的双重叙事，与单一的现代城市叙事相比，可以增加历史的厚重感，唤醒城市居民的集体记忆。

五是通过民间叙事，城市形象短视频选择普通个体为叙事主体，实现了文本与受众文本的互文建构。普通市民作为短视频传播城市形象的主体，讲述的多是自己日常城市生活中的故事。同时，他们身为短视频平台的普通用户，也是城市形象短视频传播的目标受众，与短视频记录者享有共通的城市生活体验，可以触发情感上的共鸣，形成较为一致的城市形象感知。

第五节　城市形象传播场景中的可视效果

短视频的兴起给普通个体带来了前所未有的传播能力与传播资源，催生出城市形象传播新形式。可视化是短视频城市形象传播效果的最大特点，主要体现在：数据量化，体现各城市线上繁荣度；社交互动，突破圈层引爆网红城市；实地打卡，场景接力构建传播闭环。

一、数据量化：体现各城市线上繁荣度

基于大数据即时统计，可以直观显示出单个短视频的点赞量、评论量、转发量，短视频话题挑战的作品数、累计播放次数，以及不同短视频创作者的粉丝数、作品数、获赞量等数据。量化的数据能够清晰地呈现不同城市在短视频平台上的受关注程度，体现不同

阶段的城市线上繁荣度。

　　步入移动短视频时代，地域壁垒逐渐破碎，人们既可以亲身体会线下城市生活的便利与服务，发现身边的美好，也可以通过短视频平台这一新的视角，感受更加丰富且与自身日常生活不同的美好城市。2020年，巨量引擎联合中国城市规划设计研究院发布《美好城市指数：短视频与城市繁荣关系白皮书》，首次提出了精准量化城市线上繁荣度的SIRFA评估模型。SIRFA评估模型依据POI（point of interest，兴趣点）视频构成的城市及其各类模块在线上呈现的传播状态，将美好城市拆分为传播、影响、推荐、好感及吸引五个概念，并整合其背后的指标，建立起传播度（spreading）、影响度（influence）、推荐度（recommendation）、好感度（favorability）和吸引度（attraction）五个评估维度。

　　具体来讲，SIRFA评估模型中的传播度是指城市相关短视频的传播情况，视频播放量、播放时长、完播率等为关键指标；影响度，受到第一波视频传播影响的用户乃至达人，是否能够跟随并进行二次创作，扩大城市传播视频的规模，短视频达人和普通用户发布的视频数量等为关键指标；推荐度，达人更多的视频产出，意味着城市可以拥有更多被推荐的机会，短视频达人发布的视频点赞量、评论量等为关键指标；好感度，庞大的城市市民可以通过短视频记录城市生活体验，潜移默化地影响其他用户对城市的好感，普通短视频用户发布的视频点赞量、评论量等为关键指标；吸引度反映了城市对外吸引力的大小，企业账号入驻数量、POI视频数量等为关键指标。

　　2021年，巨量算数联合巨量引擎城市研究院发布《2021美好城市指数：短视频与城市群繁荣关系白皮书》，基于SIRFA评估模型的结果显示，成都、上海、北京、重庆、西安、广州等城市的线上繁荣度较高，意味着这些城市在短视频平台上的城市形象、影响力、品牌度和吸引度在全国范围内都具有较高的竞争力。2023年，巨量引擎城市研究院发布《2023美好城市指数—城市线上繁荣度白皮书》，在原有的SIRFA模型基础上增加"直播""订单"及"搜索"三大数据维度，并细化达人、商家、搜索关键词等具体指标，将其全面焕新升级为"抖音SIRFA+"模型。基于该模型的结果显示，上海、重庆、成都、广州、深圳、北京等城市的线上繁荣度指数较高，说明城市在线上的繁荣度情况与其线下经济的发展相符合。[①]

此外，数据量化带来的最直接利益就是流量变现[②]。巨量的点赞量、评论量、转发量以及火热的短视频话题热度等，能够促使大量的短视频用户进行线下城市消费，将线上流量成功引流到线下，直接带动当地旅游、文化、餐饮等产业的发展，推动城市形象的进一步传播。

二、社交互动：突破圈层引爆网红城市

在短视频传播城市形象的过程中，用户之间的社交互动可以使城市形象实现突破圈层的大范围传播，带来的直接效果便是网红城市的诞生。用户的互动传播体现在以下三个社交圈层中：

一是短视频平台普通用户之间的社交圈层。普通用户作为城市形象短视频的主要生产者，可以参与或发起城市形象相关的话题挑战，通过生产优质内容与其他用户进行互动。一方面可以交流彼此

---

① 《2023美好城市指数——城市线上繁荣度白皮书》，《巨量引擎城市研究院》，2023年11月18日，第28—30页，https://mp.weixin.qq.com/s/xwobbbLIT0JaNpV3GmeBBw。

② 于乐：《可视化城市：抖音的城市形象传播研究》，硕士学位论文，辽宁大学，2020，第29页。

的生活体验或表达对城市的不同理解，丰富城市形象传播的内容；另一方面能够感染到更多的普通用户，留下深刻的城市印象。二是短视频平台普通用户与意见领袖（KOL）之间的社交圈层。当普通用户产出的城市形象短视频达到一定规模，具有一定的影响力后，会反过来影响意见领袖的短视频生产导向，吸引意见领袖参与到城市形象短视频的生产与传播中，极大提高了城市形象传播的速率。三是短视频平台用户与其他社交平台用户的社交圈层。短视频平台连接着QQ、微信、微博、今日头条等其他社交平台，形成一个相互联系的社交关系链。短视频用户可以将相关城市形象短视频分享到其他社交平台的用户，在裂变式传播的作用下，其影响力会远远超越短视频平台，成为跨平台的热点。当"出圈视频"被主流媒体关注后，会进一步引发相关的报道，在原有影响力的基础上再次扩大影响力，形成强烈的用户触达效果①。

　　用户在这三个社交圈层中的互动传播并不是彼此割裂的，当一些城市形象短视频具有足够的传播势能时，用户之间互动传播的影响会突破一个个社交圈层，实现城市形象传播效果的最大化，西安、重庆、武汉等网红城市的崛起在很大程度上得益于短视频用户的社交互动。例如，西安成为网红城市的历程从抖音平台的一段"摔碗酒"短视频发端，迅速引起了抖音平台用户火热的交流与模仿，与西安有关的美食、景点、方言等短视频也如雨后春笋般涌现，不同用户根据自己的喜好与理解诠释着他们心中的西安。同时，西安政府部门也开始意识到通过短视频塑造与传播城市形象的可能性，纷纷开设抖音账号，助力网红西安的打造。经过初期在抖音始料未及

---

① 周思远:《抖音短视频的城市旅游形象传播研究》,硕士学位论文,湖南大学,2019,第41页。

的爆红、中期官方声音高调加入后,人们对于西安的讨论已经从短视频平台扩展到微信、微博、知乎等其他社交平台。最终,西安凭借长期积累的历史文化资本,搭上了短视频的顺风车,在用户积极的互动交流助推下,突破重重圈层,成为首屈一指的网红城市。

三、实地打卡:场景接力构建传播闭环

城市形象短视频的广泛传播已影响到受众的行为模式,实地前往网红打卡地、拍摄照片或视频、上传社交平台成为旅行三部曲。许多用户在观看过一次或多次城市形象短视频后,会产生强烈的城市向往或参与城市形象传播的欲望,而单纯地观看或分享视频已经难以满足他们内心的需求,便来到城市实体空间进行具身打卡实践,拍摄新的城市形象短视频,并反馈至短视频平台以供其他用户消费[①]。根据巨量引擎城市研究院联合和君咨询新文旅事业部发布的《2023抖音旅游行业白皮书》,2023年第一季度,抖音平台"旅行"相关内容发布人数占全行业比重居第二位,同比增长7.3%。同时,抖音旅游兴趣用户数量超过4亿人,同比增长13%。[②]通过线下打卡现实中的实体城市,线上传播数字化城市,城市形象的传播建构起联通线上与线下场景的闭环。

短视频时代,实地打卡的火热折射出人们对于城市空间的新型需求:

一是对城市可拍可见性的美感需求。景观时代,图像已成为人

---

① 扶倩羽:《基于抖音 UGC 短视频的城市形象传播探究》,硕士学位论文,湖南大学,2019,第28页。

②《2023抖音旅游行业白皮书》,《巨量引擎城市研究院》,2023年07月24日,第3—6页,https://mp.weixin.qq.com/s/Aocmqzdlvk0spSR1p8dJsA。

们进行社交互动或自我展示的一种重要方式。比如,"美食面前,手机先吃",越来越多的人在吃饭前会拍摄美食照片或视频发布到社交网络,相比于食物的口味,食物的"颜值"或许更加重要。对于城市来说,能够拍出好看的照片或视频,成为人们认可城市具有吸引力的首要因素。

二是对城市空间的情感需求。赵雷的一首《成都》唤起了无数听众的情感共鸣,短视频平台上也随之诞生了许多以《成都》为背景音乐的打卡视频。配合着歌词"和我在成都的街头走一走,直到所有的灯都熄灭了也不停留",具有岁月感的城市记忆和复杂情愫都蕴藏在视频画面里的成都街头中。无论是优美的自然景观,还是建造的网红景点,都能够唤起人们的情感共鸣前去打卡。

三是对城市个性化元素的新奇感需求。好奇与求知是人们的普遍心理,具有独特元素的城市能够迅速引起人们的关注。比如,助力重庆初期爆红的短视频"你以为是一楼,其实是27楼",让人不断感慨重庆的山城属性。这种能够带来新奇感的短视频,一方面是从普通人的视角进行拍摄,可以快速调动其他普通用户的认同,另一方面为城市带来了许多烟火气息,使城市形象的方方面面得到大范围扩散,并形成吸引用户前去打卡的城市奇观。

四是对深度体验城市空间的参与感需求。随着城市形象短视频的层级传播,人们已不满足于简单地观看视频或实地游览,而是通过具身体验性的方式,深度获取城市空间的参与感。比如,人们去长沙排几个小时队去买"茶颜悦色",已不仅仅是为了追求一杯网红奶茶的味觉体验,更重要的是"证明来过长沙,喝过'茶颜悦色'"的深度参与感。

短视频平台联合多个城市推出旅游地打卡活动,极大地激发了用户的参与热情,而透过技术资源赋能,普通用户面对短视频打卡实践的困难性一再降低。比如,抖音及其附属的剪辑工具和拍摄软件,均提供有简易操作的界面以及相关的文字、配色、滤镜、BGM和视频模板等,这使得用户可以快速实现打卡并上传视频。通过提供一种直观的场景语境,短视频平台将实体景观转化成互联网工业下的文化景观,重新延展了屏幕内外人与物的连接①,实现线上与线下城市场景的接力。

---

① 王昀、徐睿:《打卡景点的网红化生成:基于短视频环境下用户日常实践之分析》,《中国青年研究》2021年第2期。

第三章　城市展演：网红城市兴起的媒介逻辑

在当下移动互联网时代，视听化、移动化和碎片化成为网络传播发展的新趋势。移动短视频带来的碎片化主题拼接以及多元视角结合的传播路径，构成了"拼图式"的城市形象传播框架。个人视角下的拼图式传播改变了以宏观视野为主的传统城市形象传播结构，通过更微观的角度完成了对城市形象的整体建构，丰富了城市形象传播的媒介实践。

而在短视频的城市形象建构中，许多地区借助新媒体的技术优势，通过对城市个性化符号的传播，实现了城市形象与品牌的优化。2017年以来，伴随着流量经济的崛起，西安、重庆、成都等首批网红城市诞生，其借助短视频平台打造的"爆款打卡地"与"网红景点"等产品与概念，吸引了大量游客蜂拥而至。如2018年西安永兴坊的"摔碗酒"和醉长安的"毛笔酥"在抖音走红，短期内被大量用户评论并转发，众多游客前往打卡，西安也由此多次登上微博、抖音等社交媒体热搜榜，成为最早一批短视频打造出的网红城市。顺应这股由网红带动的热潮，一些中西部城市开始尝试打破当下城市经济竞争力呈现的"东高西低，南高北低，东升西稳，南升北降"的状态格局，有意识地突破传统的城市营销"套路"，借助短视频塑造城市形象。2020年以来，越来越多的小城市，凭借一条短视频火遍全网，然后被人们发掘出更多的文化旅游亮点，进而成为新的文旅消费热点。例如，2020—2021年，藏族男孩丁真和甘孜"网红局长"刘洪的短视频相继走红，甘孜也成为无数年轻游客的向往。2023年淄博烧烤成为全网热点，此后淄博文旅和当地市民连发大招，山东人的热情好客通过短视频变成一个个生动的故事和贴心的细节，火遍大江南北。根据携程发布的《2024"五一"旅游趋势洞察报告》，天水、徐州、淄博、合肥、南昌、迪庆、景德镇、石家庄、烟台、黄山等城市成为"五一"假期酒店预订增速最快的城市，"五一"假期四线及以下城市旅游预订单同比增长140%[①]，跑赢全国大盘，且增幅明显高于一、二线城市。作为短视频城市形象传播的实践，网红城市的打造有助于中西部城市和中小型城市摆脱发展困境，满足城市招商引资以及吸引游客和人才的需求；通过短视频传播，城市树立起自身的城市形象品牌，城市综合竞争力得以提升。

在网红城市生成与建构的链条中，除了短视频外，政府政策布局、科学技术进步、媒介联动等也发挥着不可忽视的作用，这些技术与制度因素互相交叉，共同促进短视频中城市形象的传播。本章将"媒介逻辑"作为主要分析框架，以西安、重庆、成都、武汉和长沙等网红城市为研究对象，探讨短视频城市形象传播的生成逻辑。除此之外，还将选择西安、重庆、成都和长沙四个案例，分析具有不同历史人文和自然景观的城市如何运用多维符号，为城市的整体形象提供拼搭材料，展现城市独特风采与文化，在短视频这一新场

[①]《2024"五一"旅游趋势洞察报告》，《携程》，2024年4月17日，https://www.chinanews.com/cj/2024/04-17/10200151.shtml。

域中建立传播优势，为更好塑造城市形象、打造良好城市品牌提供启示。

第一节 短视频平台网红城市的生成逻辑

短视频时代，城市化进程加快，城市间竞争愈发激烈，城市形象的传播受到多重因素的影响。首先城市营销再度觉醒，城市管理者逐渐摒弃传统的户外宣传海报与城市宣传片，通过短视频、直播等方式完善营销策略，居民的城市营销意识增强，全民营销的时代到来。其次城市文化传播受到关注，文化反哺经济的现象凸显。最后城市品牌建构战略得到创新，针对以往盲目跟风、定位模糊，产业与文化支柱缺乏，整合规划受到忽视等问题，许多城市创新了品牌传播策略。而网红城市正是在这些时代背景下产生的，作为短视频城市形象传播的成功实践，城市的"网红"属性在一定程度上解决了曝光率低、城市定位不清晰等问题，使得它在激烈竞争中能更快树立自身品牌形象。

作为日益发展中的新鲜产物，短视频平台在网红城市兴起过程中的重要作用不言而喻，知网中有关"网红城市"主题论文的统计数据显示，以"短视频"为主要主题的论文共176篇，其所占比例远高于其他主要主题（见图3-1）。

学界重视短视频对网红城市形象塑造的影响，但是在这一过程中，仅围绕短视频这一核心元素来讨论这种媒介实践，未免过于单薄，忽视了从宏观视角对其生成机制的审视。因此本节立足"媒介逻辑"视角，以西安、重庆、成都、武汉、长沙等网红城市为研究对象，考察网红城市的生成逻辑。

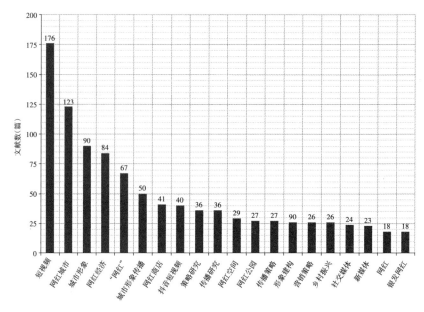

图3-1　知网有关"网红城市"主题论文的主要主题分布

媒介逻辑的概念，最早由大卫·阿什德（David Altheide）和罗伯特·斯诺（Robert Snow）提出，他们将媒介逻辑定义为"一种看待和解释社会事件的方法……（传播）的结构构成要素包括各种各样的媒介和这些媒介所使用的组织规划。这些规划，在某种程度上，包括素材如何组织，它所呈现的风格，所关注的焦点和强调的内容以及媒介沟通的语法"①。

进入媒介融合时代，媒介逻辑理论得到扩充与完善，其维度不断增加。大卫·阿什德（David Altheide）和罗伯特·斯诺（Robert Snow）从文化维度将其概念细化为"媒介逻辑既包括不同媒介自身的独特特征，还包括这些媒介所采用的信息生产格式、传播语法、选择焦点和呈现风格"。尼诺·朗斯代尔（Nino Landerer）则进一步

① David L. Altheide and Robert P. Snow, *The Media Logic*（Beverly Hills: Sage, 1979）, p. 10.

提出了"规范逻辑"和"市场逻辑",认为"规范逻辑"是媒介内容受到媒介的专业主义与社会责任的影响,"市场逻辑"是经济利益对媒介内容的制约。基于新的传播技术对媒介内容生产的影响,何塞·范·戴克(José van Dijck)和托马斯·珀尔(Thomas Poell)提出了社交媒体逻辑的概念,并确定了可编程性、流行性、连接性和数据化这四个基本原则,这些原则被认为是社交媒体平台在信息传播中所要遵循的内容。[①]

目前,我国关于媒介逻辑的研究主要集中在媒介逻辑理论与概念的探讨以及媒介逻辑对特定社会领域的作用上。面对当下万物互联、万物皆媒的传播图景,喻国明和耿晓梦把算法理解为媒介,提出了算法范式对媒介逻辑的重构。[②]郑雯和黄荣贵基于对拆迁抗争案例的模糊集定性比较分析,系统阐释了媒介逻辑对中国抗争的影响。[③]王一岚用定量的研究方法,以河南15个县域自媒体微信公众号为研究对象,探讨了县域自媒体的发展逻辑。[④]

孙少晶按照媒介逻辑对社会影响的不同程度,将媒介化社会的发展具体分为四个阶段:第一阶段,媒介的基本功能得到发挥;第二阶段,媒介逻辑得到重视,媒介独立性和新闻专业主义得到增强;第三阶段,媒介成为支配性的信息和沟通渠道,各社会单元开始学习适应媒介逻辑;第四阶段,各社会单元采纳媒介逻辑,并把媒介

① José van Dijck and Thomas Poell, "Understanding Social Media Logic", *Media and Communication*, No. 1(2013): 2-14.

② 喻国明、耿晓梦:《算法即媒介:算法范式对媒介逻辑的重构》,《编辑之友》2020年第7期。

③ 郑雯、黄荣贵:《"媒介逻辑"如何影响中国的抗争?——基于40个拆迁案例的模糊集定性比较分析》,《国际新闻界》2016年第4期。

④ 王一岚:《县域自媒体崛起的媒介逻辑分析——基于河南省15个县域自媒体微信公众号的研究》,《新闻大学》2019年第11期。

逻辑内化为稳定的运作规则。①他认为西方国家已经进入第三阶段，而我国还处于第二阶段。尽管目前我国媒介化社会的发展程度不比西方国家，但可以确认的是，新媒体已经给社会带来了巨大影响，人们对媒介的依赖在不断深入。因此，尽管媒介化社会是否可看作一个分析概念有待商榷，但它毋庸置疑是研究当代社会时必须面对的分析语境。②在这一背景下，媒介逻辑适用于网红城市生成机制的研究。现有文献显示，媒介逻辑的研究多从内容逻辑、技术逻辑与制度逻辑这三个维度来阐释其社会作用。故本节在这一基础上，结合内容、技术和制度逻辑分析网红城市的生成机制。

一、技术赋能与去中心化：媒介技术逻辑革新网红城市的传播场景

媒介技术逻辑与网红城市塑造的关系表现为"媒介即讯息"。"媒介即讯息"强调新技术媒介所包含的个人意义与社会意义大于对它的实际使用本身③。即在新媒体时代的城市形象传播中，媒介的技术属性改变了原有的城市传播图景。在网红城市的塑造过程中，短视频成为重要的使用平台，网红城市塑造的媒介逻辑强调通过短视频这一格式进行内容创作。作为媒介逻辑的重要组成部分，格式指的是传播的组织、选择、呈现以及最终被受众认可和使用的方式④。

---

① 孙少晶:《媒介化社会:概念解析、理论发展和研究议题》，复旦大学出版社，2011，第3-9页。

② 孙信茹、杨星星:《媒介在场·媒介逻辑·媒介意义——民族传播研究的取向和进路》，《当代传播》2012年第5期。

③ 周翔、李镓:《网络社会中的"媒介化"问题:理论、实践与展望》，《国际新闻界》2017年第4期。

④ Altheide D. L, "Media Logic, Social Control, and Fear," *Communication Theory*, No. 3(2013): 223-238.

格式是传播生态的一部分，它反映了技术、环境以及使用规则的意识[1]。其中，媒介的语法是格式的主要构成要素。语法作为一种解释现象的框架，影响着人们对现象的认知与理解。随着媒介技术的发展，媒介正在改变传播的形式或结构，各自使用不同的语法向观众呈现内容。在电子媒介中，媒介语法的显著特征表现为时间的使用方式、内容的组织与安排以及语言和非语言交流的特殊特征。从技术逻辑的角度出发，对短视频中的语法进行分析，其特征主要表现为：（1）内容的呈现通过算法推荐机制进行组织与安排；（2）短视频格式中非语言交流特征表现为城市形象平民视角化的叙述，其背后的技术逻辑为媒介权力下放，UGC模式丰富城市形象的书写方式。

（一）算法的精准推送，视线聚焦助力城市人气积累爆发

大数据时代，短视频平台主要借助算法推荐机制进行内容分发。以抖音短视频平台为例，基于用户信息的基本协同过滤、"去中心化"的推送和"流量池"的叠加推荐三种方式，实现了对内容、用户习惯与兴趣偏好的细分，充分发挥传播内容的资源优势，达到精准化的推送[2]。首先，基于用户信息的基本协同过滤是视频推广中最基础的算法类型，抖音通过获取用户基本信息和观察使用行为描绘用户画像，将同类型内容推荐给相似度较高的用户。在城市形象传播中，用户如果在一定时间内持续观看或搜索城市形象类短视频，就会被系统判定为城市相关话题的感兴趣者，从而收到系统推荐的更多相关主题内容。与此同时，这些内容还会被分发给与用户相似

---

① David L. Altheide and Robert P. Snow, *The Media Logic* (Beverly Hills: Sage, 1979), p. 10.

②赵辰玮、刘韬、都海虹:《算法视域下抖音短视频平台视频推荐模式研究》,《出版广角》,2019年第18期。

度高的使用者。其次,基于"去中心化"的推送,弱化了"把关人"的作用,其以内容和社交关系作为信息精准分发的依据,具体表现为将内容兴趣点和社交强联系当作筛选维度。通过这一算法模式,兴趣相似的用户容易被抖音聚集起来,根据这些话题展开互动,从而进一步提高话题的热度。最后,基于"流量池"的叠加推荐,对城市形象的传播而言,最为重要,这一算法机制催生的"马太效应"会使得视频热度得到持续发酵,获得更大的流量优势。算法推荐带来的注意力聚焦促进了用户的个体参与和社群互动,以流量为权重的城市形象格局给城市传播带来更多的可能性,在实质上推动了"网红城市"的诞生。

(二)新媒体技术赋能,UGC模式推动多元城市形象建构

媒介技术革新推动了传播模式的改变,在网络媒体赋权的时代,用户信息生产与发布的主体性得到充分体现。据《南方周末》城市(区域)研究中心不完全统计,截至2024年2月,已有52座地级以上城市出现过"热搜级"传播事件,占据全国近300座城市的近20%,其中西安、重庆、洛阳、长沙、湛江等城市更是出现过反复"走红"现象,全国34个省市区仅有7个省份还未出现过"网红城市"。①正是因为处于人人都有摄像机的时代,每个城市拥有公正而平等的机会,众多小城才拥有了走红的可能。用户通过个体叙事讲述城市故事,打破传统媒体和政府构建的传播局面,传播主体呈现多元化,也为城市空间的多角度呈现提供了机会。通过对网红城市的兴起逻辑进行分析,笔者研究发现,在前期散点式网红景点传播

---

① 《"社交红利"时期的中国城市形象传播趋势报告:从"摔碗酒"到"尔滨现象":制造网红城市的十条原理》,《南方周末》,2024年2月22日,https://new.qq.com/rain/a/20240222A086XL00。

阶段,UGC模式为早期城市形象的建构起到了主要作用。如重庆的走红,是抖音网友发布的李子坝"穿楼轻轨"和洪崖洞夜景的短视频最先引起了人们的注意;西安红极一时的永兴坊"摔碗酒"视频也是由网友最先拍摄并上传至抖音短视频平台的。媒介权力下放的技术逻辑提高了用户在网红城市塑造中的主体地位,相比政府官方制作的宣传片,网友创作的内容更贴近受众喜好,能够挖掘城市的独特之处,多角度展示城市形象。

短视频用户参与行为还表现为"网红实地打卡"。打卡作为一种新的传播形态,塑造了新的"城市—人—媒介"的连接方式①,媒介技术起到中介作用,促进了人与城市的对话。如抖音中,带有成都特色商业步行街"宽窄巷子"标签的视频已经播放超过2.7亿次,话题下的用户打卡视频众多,包括用户的日常记录、游览攻略、相对专业的美食测评等。在参与打卡的过程中,用户作为亲历者将自己的生活碎片加入城市生活图景中,生产出独特的城市记忆;同一话题下的用户会形成虚拟社群关系,传受双方可通过身份认同实现情感共鸣,这样的情感链接成为网红打卡行为的助推剂,以此形成闭环,促进网红景点的传播。同时,网红城市还可以借助打卡行为进行场景营销,用户创作的内容以好友"安利"(诚意推荐)的方式完成感性价值与商业价值的转换。

二、符号聚合与IP运作:媒介内容重塑网红城市形象

大卫·阿什德(David Altheide)认为,媒介逻辑的内容逻辑包括了媒介各自组织信息的格式、呈现内容的风格、特定的聚焦点和

---

① 覃若琰:《网红城市青年打卡实践与数字地方感研究——以抖音为例》,《当代传播》2021年第5期。

强调点①。通过对3个网红城市走红元素的分析，本书认为，内容逻辑对网红城市生成机制的影响，主要表现为以符号为载体进行城市形象的建构，通过多元符号的聚合来重塑网红城市形象；同时，打造与城市绑定的超级IP，激发城市的网红基因，推进了文旅融合的城市营销。

（一）网红城市的符号建构：城市形象的具象化感知

不同于过往扁平化的城市形象，现在通过短视频走红的城市大多由多元符号建构而成。城市形象更具体鲜活，打破了受众以往对城市的"刻板印象"。本章收集并整理了成都、重庆、西安等城市的网红元素，发现实物符号、感官符号、文化符号以及影视符号的使用是网红城市兴起的主要的内容逻辑。

1.实物符号：城市景观与网红景点

实物符号包括城市景观与网红景点两个组成部分，这一符号是直接面向大众的城市形象展示窗口，是内容逻辑中最基础的组成部分。在网红城市的兴起初期，实物符号的散点式传播是城市成为网红的首要媒介逻辑，例如在抖音平台有着极大热度的李子坝"穿楼轻轨"、洪崖洞夜景和鹅岭二厂都是初期带动重庆走红的实物符号。这些符号使人们心中的城市形象具象化，与传统的旅游景点宣传片相比，受众对网红景观的不同呈现方式会产生一城千景的现象。首先，去本地化的传播视角与本地化的传播视角的相互碰撞，丰富了城市形象的传播图景，游客、本地居民等多种传播身份带来了对同一景观符号的不同解读方式；其次，个人视角的短视频内容更加偏重对城市特质及主题的局部描写，即聚焦于景观与景点的细节，进

---

① David L. Altheide and Robert P. Snow, *The Media Logic* (Beverly Hills: Sage, 1979), p. 10.

而使其成为城市形象的代表性标签。

以重庆为例，其走红的优势媒介逻辑之一就是通过传播视角与传播单元的有机结合，实现对立体城市场景的建构。在抖音短视频平台中，以"重庆"为标签记录城市实物符号的视频除了洪崖洞、磁器口等网红景点外，还涉及螺旋停车场、桥梁、渡江索道、波浪公路、屋顶马路等独特的城市交通景观，这些符号通过个性化视频语言展现出浓厚的生活气息以及重庆的多维城市形象。除了个体传播造成的差异外，重庆还善于对实物符号进行短视频营销，主要表现为与影视符号的主动链接和与亚文化元素的创意联动。因为自身拥有层次感极为丰富的特殊地形，重庆的城市风貌通过UGC模式与网络亚文化产生碰撞与融合，如洪崖洞被网友贴上"现实版千与千寻"的标签，成为城市景观与"二次元"亚文化互动的典型案例，与反乌托邦文化的交融使得重庆拥有了"赛博朋克之都"的称号。这种对城市景观不同的展现风格与特色，激发了用户的兴趣，将网红效应转换为用户实地打卡实践。

2.感官符号：本地美食与城市民谣

感官符号由本地特色美食和城市民谣组成，承载着本地居民与游客的集体记忆，内容呈现更契合以"短、平、快"为主的短视频平台。借助感官符号传递城市形象可以为受众带来更加直观的感受，也是网红城市塑造过程中最常用的媒介逻辑之一。我们与世界建立关系的方式，通常是以媒体为中介，在建构主体与世界共鸣关系时，"听觉"的感官功能尤为重要，而音乐作为一种媒介可以提升共鸣关系的质量[1]。在城市形象的传播中，音乐给予了受众更多的空间联想

---

[1] 连水兴、陆正蛟、邓丹：《作为"现代性"问题的媒介技术与时间危机：基于罗萨与韩炳哲的不同视角》，《国际新闻界》2021年第5期。

与想象,并在一定程度上影响着受众的情感体验与认同①。而城市民谣作为一种在城市中孕育与发展的音乐形式,对城市人情冷暖的情感化表达和外部环境的理性记录,更容易让受众产生一致的文化认知与价值取向。基于这种统一的心理与文化认同,民谣的传播范围与效应将得到进一步的扩大与提升②。

成都在城市营销时有着值得借鉴的媒介逻辑,即为城市形象赋予特殊的声音印记,通过独特的听觉符号形成目的地吸引力,进而唤起用户的到访欲望。2017年赵雷创作的《成都》通过综艺节目迅速蹿红网络。借助短视频的渠道,这一拥有着极高传唱度的民谣,间接宣传、展示了成都的城市形象,成都因此升级为网红城市,主流媒体的背书与中共成都市委员会的加入,使得歌曲的曝光度进一步增加,民谣成为成都特殊的城市符号。《成都》没有动感旋律,但更具生活气息,歌词有对成都人生活细节的描述,其中提到的"玉林路"和"小酒馆"在歌曲走红后,成为歌迷和网友们的打卡胜地,由此而成为成都的地标之一。

本地特色的美食具有视觉上的冲击力,其内含人文气息与城市温度,在增进城市认同、重塑城市精神方面有着重要的作用③。在内容逻辑使用的符号中,美食符号富有烟火气息,贴近大众且传播门槛较低,能为受众提供沉浸式的全感官体验④。在网红城市的打造

---

① 李飞雪、范朝慧:《视听意象:中华优秀传统文化的短视频传播》,《中国电视》2021年第8期。

② 郝军梁:《试论城市民谣对城市形象建构的推动作用》,《新闻世界》2018年第2期。

③ 詹一虹、程小敏:《全球创意城市网络"美食之都":国际标准与本土化实践》,《华中师范大学学报(人文社会科学版)》2016年第6期。

④ 张楠:《以食为媒:饮食文化传播与国家形象建构》,《新闻爱好者》2020年第4期。

中，许多城市都有独属于自己的美食符号，如西安拥有以羊肉泡馍、肉夹馍为主的传统美食和以"摔碗酒"为代表的网红美食。西安不仅通过传统美食传递城市故事，还不断根据文化内涵创新开发出如"毛笔酥""麻将十三幺"等体验性和观赏性兼具的美食产品，这是将内容逻辑中的美食符号与城市的文化符号相互交织，城市形象因此更加生动和具体，从而成功构建起"国际美食之都"的城市形象。

3.文化符号：传统文化与文化活动

文化符号是"城市文化精神的象征，是濡染城市记忆的窗口"[①]，也是内容逻辑中最核心的符号，不同的气候、地理、历史等因素形成了城市特色的文化内涵。竞争战略之父迈克尔·波特（Michael Porter）认为，基于文化的优势是最根本、最持久、最难以替代与模仿、最核心的竞争优势[②]。城市文化的合理开发、利用与创新是媒介逻辑的重要部分，网红城市对文化符号的运作模式可以通过西安与成都两类城市进行具体分析。

首先，对于以西安为代表的古城而言，西安走红的优势逻辑在于其本身具有丰富的城市遗产与深厚的历史文化内涵，在通过短视频进行城市形象传播时，可以向受众呈现出独特的文化表达，如有着历史渊源的特色民俗"摔碗酒"，以盛唐文化为背景、以唐风元素为主线的大唐不夜城，身穿华丽唐服刷屏抖音的不倒翁小姐姐等都是短视频平台中"西安"话题标签下热度最高的城市形象内容，运用传统文化符号进行城市形象塑造的内容逻辑更能促进网红城市形

---

① 王一川：《北京文化符号与世界城市软实力建设》，《北京社会科学》2011年第2期。

② 迈克尔波特：《竞争战略》，陈丽芳译，中信出版社，2014，第124页。

象传播的可持续发展。其次，与西安等具有深厚历史底蕴的古都不同，成都通过后天培育的文化基因成功将自身打造为文化氛围浓郁的城市。根据《网易数读》统计的数据，成都博物馆、书店以及文化演出的数量位居十大网红城市的榜首①。作为非古都城市，成都将文化方面的触点延伸为文化活动或是文化展演地，再通过短视频完成网络空间中城市文化氛围的渲染。

4.影视符号：优质剧作与热播综艺

许多影视作品都依托城市背景进行创作，影视符号与城市形象的传播密不可分，是网红城市打造中独特的内容逻辑的组成部分。城市形象的影视化表达，不是单纯的形象书写，更是一种认识与理解城市的方式；它不是对现实的简单复刻，而是一种想象式的二次建构②。利用多元影视符号进行城市传播的媒介逻辑可以展现城市风貌并挖掘城市魅力，潜移默化地促进城市形象的高质量传播。

重庆走红的媒介逻辑就是借助优质的影视剧作营销城市形象，从《疯狂的石头》《失孤》到《从你的全世界路过》《少年的你》《刺杀小说家》，这些影片通过展现洪崖洞、火锅串串、十八梯、山城棒棒、长江索道、滨江路等具有重庆特色的影视符号，实现了对城市形象与市民性格的塑造与传播。同时，重庆还通过影视剧塑造了新的网红打卡地，以此形成独特的影视打卡路线。如电影《少年的你》的热映也使得魁星楼、海棠溪筒子楼、邮电路、南滨路和苏家坝立交桥等地成为"打卡"热点。"#重庆被电影带火的打卡点#"还曾一

---

① 《中国最网红的城市在哪里》，《网易数读》，2020 年 4 月 22 日，https://www.163.com/data/article/FAQPIR2A000181IU.html。

② 刘娜、常宁：《影像再现与意义建构：城市空间的影视想象》，《现代传播（中国传媒大学学报）》2018 年第 8 期。

度登上微博热搜榜,据微博平台统计,截至2024年7月24日,该话题已经获得了6824万次阅读量,1.9万人参与了话题讨论。

(二)IP运作:网红城市IP的塑造与绑定

在实际的网红城市塑造过程中,如何挖掘现有资源中的优质内容并加以运营和推广,是需要关注的重点。除了对多元符号进行建构外,IP的运作也是内容逻辑中必不可少的一环。对于城市而言,通过提取自身内在文化元素塑造的专属IP,可以提升城市辨识度,增强城市吸引力[1],IP已经成为推动城市创新发展的新动力。通过研究网红城市的生成机制可以发现,城市与IP的深度绑定已成惯例。在网红城市的塑造中,多以文化资源以及标志性景观等作为强化城市品牌、推动城市创新发展的动力,而城市IP化的过程,就是将本地特色文化符号延伸至产业的过程。

以西安文旅景点"大唐不夜城"为例,西安将"长安风"与商业、体验、娱乐、休闲等元素融合为一体,形成了传统文化商业化的可持续发展机制,呈现了大唐文化场景化、多维立体化与现代化的表达[2]。作为文旅融合的重要切口,"大唐不夜城"充分发挥其引领消费的作用,成为西安名副其实的城市IP。除此之外,西安的大唐芙蓉园等也是城市IP成功塑造的案例。需要注意的是,在打造城市限定IP时,须考虑体验经济时代的特征,将体验感作为核心抓手,即体验带来的情绪流动可以在一定程度上促进数据信息在新媒体场域中的传递。沉浸式文旅融合产品的开发,需要加强场景打造

---

[1] 林溪、廖若兰:《以熊猫文化为核心的成都文旅IP塑造与推广》,《四川戏剧》2021年第1期。

[2]《文旅夜游案例分析:西安大唐不夜城"火爆"的运营诀窍》,《数艺网》,2021年10月18日,https://www.d-arts.cn/article/article_info/key/MTIwMDI3MTAyMjWDuX2tsYaocw.html。

的水平与内容链接能力，从而在互联网语境下进行城市形象的重塑。

三、联动与共创：媒介制度逻辑形塑网红城市发展

传播媒介作为重要的话语生产者，是城市形象传播中的关键资源，受到所处社会制度环境的影响。尼诺·兰德雷尔（Nino Landerer）将媒介逻辑划分为"规范逻辑（normative logic）"和"市场逻辑（market logic）"两个部分，其中规范逻辑强调媒介社会责任与专业主义对内容的影响，而市场逻辑则是指媒介内容受到商业利润的影响[①]。当下我国媒介的制度逻辑，在本质上受到意识形态与市场规则的双重属性影响。在网红城市的建构过程中，制度逻辑促进了媒介间的联动与内容的共创，媒介机构在政治及商业属性的影响下不断进行自我调适。一方面，在市场化背景下，新旧媒体基于商业逻辑，出于对生存现状的批判性反思，必须进行双向融合、共同联动，促成媒介场域间的价值共识与和谐共融；同时，通过热点话题的制造，在网红城市塑造的后期加深与受众的互动，助推用户的线下打卡行为。另一方面，商业媒体要注重自身的政治或意识形态属性，积极与政府合作，合力推进网红城市形象传播的可持续发展。

（一）市场逻辑主导：媒体联动合力共建传播场域，热点话题加速用户行动转化

尼诺·兰德雷尔（Nino Landerer）认为，市场逻辑是媒介逻辑的主要部分，是媒介逻辑的"隐形指导原则"[②]。在市场逻辑下，网

---

① Nino Landerer, "Rethinking the Logics: A Conceptual Framework for the Mediatization of Politics," Communication Theory, No. 3(2013): 239-258.

② 同上。

红城市的媒介运作及内容生产主要表现为以下两个部分。

首先，媒介通过联动共建网红城市传播场域。其中，媒体联动是指同一段时间内，媒体个体间为了同一主题相互协作共同报道的活动，也有学者将其称为媒体间的联动性传播，是不同介质的媒体采取联合行动，共同推出某一方面的新闻报道①。媒体联动可形成跨介质、跨级别、跨地域的报道形式，有利于扩大受众的范围，同时有利于各方媒体提升自身影响力。在网红城市的打造中，受到商业逻辑的影响，多元媒体联动的媒介逻辑能够使城市形象更高效、更积极地在更大范围内传播。重庆在网红城市打造过程中的媒介联动较有代表性，除了抖音和微博等短视频平台对重庆的相关话题进行预热以外，多家传统主流媒体对重庆进行了报道。如《重庆商报》曾在2018年五一劳动节期间围绕网红重庆组织了专题报道。除了地方级媒体之外，中央主流媒体对网红重庆进行了一系列报道，人民网、新华网等主流媒体都在2018年五一节前后加大了对重庆的报道力度。此外，传统媒体也不断入驻新媒体平台，开通官方账号，为网红城市形象的传播提供了多元的媒介渠道。传播矩阵的打造，顺应了分众传播的趋势，增强了用户黏性，为网红城市形象传播构建了健康的媒介生态。

其次，短视频平台具有参与门槛低且开放性强的特点，媒体可以充分利用高互动性、碎片化、强社交性等特征，通过发起带有传播模因（meme）的话题，调动用户线上记录城市与线下网红目的地打卡的积极性，进一步拓展城市魅力。如抖音举办的"抖 in City 美好城市生活节"活动，设置了专属不同城市的话题，通过整合明星

---

① 董天策：《媒体竞争与媒体合作笔谈 竞争格局中的跨媒体合作传播》，《西南民族学院学报(哲学社会科学版)》2001年第2期。

及头部达人资源，做到了与受众的深度沟通与互动。这一活动也加快了用户的线下行动转化，推动了网红城市的流量落地。

（二）规范逻辑主导：商业平台与政府合作，共同促进网红城市塑造

受到意识形态属性的影响，商业媒体需要履行特定社会职能。在网红城市兴起的过程中，地方政府加强顶层设计，已制定出城市形象工程的系统传播战略，媒介成为战略实施中的重要一环。媒介在政府的监管下，会进一步强化自身社会责任感，积极与政府开展合作与互动，通过平台活动实现线上与线下的联动。例如，抖音在西安2018年走红之初就与西安市政府签订协议，联合推出"四个一"计划，通过文化城市助推、定制城市主题挑战、抖音达人深度体验、抖音版城市短片来对西安进行全方位的包装推广，传播优秀传统文化和美好城市文化[1]。

2019年起，抖音官方平台还推出了"抖in City城市美好生活节"系列活动。2021年，该活动以"城市正当红"为主题，围绕城市潮流生活、城市文化、城市风光、城市科技智慧等四大方向，采用"线上短视频＋线下嘉年华"的互动方式，与全国多个城市联合举办城市嘉年华。活动中邀请城市本地明星成为"城市星推官"，借助粉丝效应带动城市品牌声量的传播；同时，借助线上的抖音挑战赛、活动专题页以及"定制化贴纸＋专属音效＋KOL[2]"等玩法鼓励用户记录与分享[3]。例如，由西安市政府联合主办的"抖in美好西安"城

---

[1]《从西安出发，抖音"四个一计划"助力城市文化新演绎》，《新华网》，2018年4月20日，https://www.donews.com/news/detail/4/2995719.html。

[2] KOL：key opinion leader，关键意见领袖。

[3] 蔡慕嘉：《万茜、王耀庆、王鸥等担任"星推官"，官宣，2021抖in City来了！》，《信息时报》，2021年4月17日，https://www.xxsb.com/content/2021-04/17/content_145717.html。

市生活节，主要以线下嘉年华为主要活动形式，通过举办音乐节与集结创意展馆，展现西安新潮与创意的城市气质[①]。2022年，抖音生活服务发起了名为"心动之城"的年度城市营销活动，利用抖音内容和生态优势，挖掘城市独有文化和特色生活方式，助力特色城市被更多人看见，为用户提供"令人心动"的优质内容。例如"心动西安"活动，联动政府、商家、达人深耕城市场景，通过交流、潮玩节目以及市集活动、探店直播等方式，进一步挖掘城市特色，围绕美食、游玩、人文等进行探索解读，最终实现经济提振与城市营销事件的双重打造。[②]据抖音平台统计，截至2024年11月28日，在抖音平台上，"抖in美好西安"的话题总播放量超过5.4亿次。在实际的网红城市形象传播实践中，意识形态属性影响下的制度逻辑可以在一定程度上改善政府在前期热点挖掘阶段的缺位现象，体现政府的引导作用。

第二节　西安：跨越千年的网红古都

网红城市作为短视频城市形象传播的成功实践案例，通过高曝光率促进了城市经济发展与人才振兴，将线上流量转化为城市竞争力。对于曝光率低且面临发展困境的中西部和中小型城市，打造网红城市有助于突破传统的城市营销路径、树立良好的城市品牌。在

---

①《抖in City落地抖音之城，美好西安掀起全场热潮》，https://www.chinaz.com/news/mt/2019/0618/1024704.shtml。

②《"心动西安"正式启动　点亮西安人的生活与歌》，《西安商务》，2022年09月27日，https://mp.weixin.qq.com/s/3CyN7J9d9VMqq0u-YkV-Jg。

一众爆火的网红城市中，老牌旅游城市西安的成功转型，足够令人瞩目。当一座城市打破固有的"城墙思维"，从厚重古朴的历史沧桑感中走出时，它就会成为具有极高人气的网红城市。"网红"西安的崛起并非意外，而是"蓄谋已久"。因此，本节将选择西安作为具体案例，结合城市的网红生成路径，分析这一城市形象的传播实践。探索千年古城西安如何借力短视频，传递城市文化与故事，展现城市深度，实现流量的逆袭，从而为其他文化历史底蕴丰厚的地方提供关于短视频城市形象建构与传播的实践与经验借鉴。

西安位于地大物博、底蕴深厚的渭河平原，被称为最早的天府之国。"春风得意马蹄疾，一日看尽长安花"，"到日长安花似雨，故关杨柳初飞絮"，等等，这些诗句凝聚、荟萃着古往今来诗人的点滴情怀，已融入西安古老的灵魂之中。历史中的西安经历了无数次兴盛与衰败，从秦王朝到汉王朝，从盛唐到明清，时代的车轮滚滚向前，但无论何时西安总能在时间的卷轴上留下最浓墨重彩的一笔。如今凭借其得天独厚的资源，千年古都西安仍在新时代散发着魅力。2024年，新京智库发布了"长红城市"榜30强，其中西安位列全国第三，除去北上广深等一线城市外，在全国新一线城市中排名第二①。凭借短视频实现流量逆袭，西安成为真正的网红"顶流"。回顾网红西安的兴起过程，西安做好了历史与现代的融合文章，充分协调文化与物质资源，使城市形象起于"古城"，却又不止于"古城"。

---

① 《新京报"网红城市"潜力报告（2024）发布》，《新京报》，2024年4月13日，https://baijiahao.baidu.com/s？id=1796185349858989339&wfr=spider&for=pc。

一、城市文脉融入现代生活，多元符号彰显西安特色

古往今来，那些历史文化底蕴深厚、人文资源丰富的地方，总是更加引人注目。作为强汉盛唐的都城，西安曾是无数人心中的"诗与远方"。但在注重感官冲击的短视频时代，以往略显枯燥的文化内容在注意力争夺战中并不占优势。对网红城市的打造，西安尤其注重文化资源的创新与整合，将西安传统文化与实物和感官符号巧妙结合，通过地方性与辨识性强的元素形成人们对西安的印象与记忆。

（一）现代历史交融，亭台楼阁感受盛世长安

城市景观作为历史文化积淀的展现和城市名片，是城市精神与气质的集中体现。在短视频平台中，西安的城市景观包含众多历史名胜，作为中华民族与中华文化的发祥地，西安有两项六处遗址被联合国教科文组织列入《世界遗产名录》。无论是环绕西安的古城墙、世界第八大奇迹的兵马俑，还是屹立于世的大雁塔，本身就具有独特的历史故事，而西安借助实景演出与高科技，为这些亭台楼阁赋予了全新的看点。

以抖音网红西安大雁塔为例，它在2019年的《抖音春节大数据报告》全国热门景点排行榜中位列第三。①作为西安最具地方特色的标志性建筑，大雁塔一直是游客的热门打卡景点，其北广场更是被称为西安的"城市会客厅"。2018年五一节期间，西安在大雁塔北广场投入了大量的灯光设施，配合已有的音乐温泉，建成华丽的水舞光影秀舞台。光影秀运用了"传统文化＋现代科技"的形式，以

---

① 《抖音春节大数据报告》，《西安晚报》，2019 年 2 月 12 日，https://baijiahao.baidu.com/s? id=1625260692505635124&wfr=spider&for=pc。

传统民俗"舞龙"作为开场，展现玄奘取经、丝绸之路、鉴真东渡等历史故事，通过影像、音乐、光影的巧妙配合，将西安的地方性元素都包含在内，重现了中华文明的传承与发展。2023年，雁塔区MOMOPARK艺术购物中心北广场举办了雁塔文化创意集市活动，设置不同摊位集中展示雁塔文创产品、企业好物、非遗文化等，同时，还有咖啡、手打橙汁、茶饮、蛋糕等美食饮品呈现，为市民打造了一个集观赏、体验、游玩、消费于一体的文化夜游空间。[①]

西安城墙上的《梦长安·大唐迎宾盛典》在短视频平台有着不低的热度。据抖音平台统计，截至2024年11月28日，带有"梦长安"标签的视频总播放量达2952.9万次。这一演出不仅表现了西安的历史，而且将丝绸之路沿线的地理与人文风情融入其中，主持人的介绍再搭配上热闹欢腾的歌舞表演，向世人展现出西安东方永恒之城的气韵。作为一台以盛唐元素为主线的文艺演出节目，它不仅接待过数百位各国政要，还贴近群众，让千万游客与市民近距离感受盛唐风韵。

除了对历史古迹进行精心包装外，西安还推出了众多融合历史与现代元素的网红景点，如大唐不夜城、仿古建筑群大唐芙蓉园等，通过传统文化的挖掘和短视频平台的裂变式传播，逐渐形成新的IP。作为西安最知名的商业街区，大唐不夜城集旅游景点和休闲购物空间于一体，融入商业、娱乐、休闲等多种功能元素，以唐风为主线，景区内各类表演活动贯穿全年，实现了建筑空间与艺术活动的完美结合。2018年，大唐不夜城凭借"不倒翁小姐姐"的"神仙牵手"艺术表演视频火爆网络，引得各地景区争相模仿。据抖音

---

① 《2023雁塔文化创意集市来啦》，《澎湃新闻》，2023年7月28日 https://m.thepaper.cn/baijiahao_24022867。

平台统计,截至2024年11月28日,抖音上"不倒翁小姐姐"相关视频播放量达43.8亿次。许多游客不远千里赶来,只为拍到一次近距离的神仙牵手。2019年,在"西安年·最中国"的活动中,大唐不夜城引进了国际团队创排《再回长安》《再回大雁塔》两大常态驻场演出,同时举办了丝绸之路国际电影节、西商大会等多场文化活动。据统计,在活动期间,大唐不夜城共接待市民游客近1700万人次,元宵节当日客流更是突破80万人次。自2020年小年夜开始,大唐不夜城步行街区正式推出了《敦煌飞天》行为艺术演艺。该作品以敦煌壁画人物为原型,通过现代悬浮的表演形式,将敦煌壁画中的"飞天仙女"带到游客的面前,一眼千年的感受穿梭历史,通过行为艺术演绎将盛唐文化与敦煌艺术相融合,让更多观众了解中华文化的博大精深。2023年,大唐不夜城新推出的一种名为"盛唐密盒"的"人文历史盲盒"类的表演互动活动,通过"演艺+互动"的形式,让唐朝名士"房玄龄""杜如晦"以盲盒的形式出现在游客面前,每个角色分别设定经典语录,突出人物各自的特点,通过与游客互动对话的形式揭晓身份,在即兴表演和互动中深度融合中国的历史文化知识,和观众进行互动答题的同时,也普及了传统文化知识。

(二)食物传承文化,古都美食讲述西安故事

饮食文化作为城市文化遗产的载体,综合体现了城市各个层面的特点。通过对网红城市生成机制的梳理可以发现,每一座城市的爆火都离不开以美食为拍摄题材的短视频的推波助澜。在短视频平台上,比西安美景更火的是西安的美食。作为最具吸引力的感官符号,西安的传统美食源于秦朝,有着悠久的历史。例如:曾为皇家贡品的"凉皮";战国时代就有记载的"肉夹馍";在西安的大街小

巷十分常见的宋代的"水晶饼"；至于陕西名吃"牛羊肉泡馍"的历史渊源更是众说纷纭。时至今日，这些传统美食仍受欢迎。例如据抖音平台统计，截至2024年11月28日，在抖音平台上带有"西安凉皮肉夹馍"标签的视频收获了2039.4万次播放量，视频内容包括制作工序、吃播、店铺推荐和历史故事介绍等。西安的传统美食在短视频平台焕发出新的生机。

西安还出现了一些将食物与传统文化相结合的新式网红美食，最具代表性的便是"摔碗酒""毛笔酥""十三幺麻将"。不同于传统美食，这些为营销而创新的商业"美食"更注重互动性与文化体验感。以西安最初的走红元素"摔碗酒"为例，西安的特殊城市文化赋予其无与伦比的气质。作为陕南安康地区的一种习俗，"摔碗酒"多用来接待尊贵的宾客，喝完酒后将碗打碎的动作有着"碎碎平安"的美好寓意。而西安的"摔碗酒"店铺位于美食文化街区永兴坊，其建筑风格与西安古城的气质十分协调。酒坛旁堆叠起的碎碗、仿古的旌旗等文化符号，使得唐文化的气息越发浓厚。摔碗时决绝的动作、特有的气氛，再搭配上豪迈悲壮的背景音乐，就构成了极富故事性和娱乐性的场景。

与"摔碗酒"一样，"毛笔酥""十三幺麻将"也是后人基于传统文化符号创造出的美食。他们都通过新奇与传统的碰撞，激发受众的体验欲望，从而吸引大量游客前来"打卡"。在城市形象塑造与传播的过程中，西安不仅仅满足于通过传统美食传递城市故事，还不断根据文化内涵创新开发更具体验性和观赏性的美食产品，将饮食和娱乐、传统与现代结合在一起，构建出"国际美食之都"的城市形象。

二、政府主动介入，打造"品质西安"

梳理网红西安的兴起过程，不难发现西安市政府在其中扮演了重要的角色。2016年，西安市提出了"品质西安"的建设理念，制定了全新的城市发展战略。"品质西安"概念的提出，进一步明确了西安的城市定位，也对城市形象的塑造与传播提出了更高的要求。

随着短视频平台热度的不断提升，西安市政府很快审时度势，抓住机遇，搭上短视频的"顺风车"，推广西安的城市形象。以抖音短视频为例，西安是最早与抖音达成战略合作的城市，将抖音视为展现西安古城形象、西北饮食文化和现代城市风貌的重要平台。2018年4月，抖音联合西安推出"四个一"计划，围绕"制定城市主题挑战""抖音达人近距离体验""文化城市助推""抖音版城市短片"四个方面对西安进行宣传包装。五一节期间，西安围绕"春满中国·醉西安"的大型春游记活动，联合抖音推出了系列活动"世界的西安——中国文化dou动全球"，并在全球50多个国家同步发起"Take Me to Xi'an"挑战赛。其中，西安在抖音平台推出"#跟着抖音玩西安#"挑战赛，仅上线5天，就有3万多人参与；而在海外平台Tik Tok和Musically中，具有西安特色的肉夹馍贴纸被使用了6万多次，挑战视频总播放量超过1200万次[①]。

除了与短视频平台进行合作外，西安市政府还积极推出城市营销计划，通过打造城市IP来转变人们观念中固化的西安城市形象。这一城市品牌营销计划以"西安年·最中国"系列活动为核心，抓住春节这一传统文化节日的节点，集合全市文化资源，将春节时的

①《50个国家，1200万播放量！抖音上的西安让全世界惊叹》，《搜狐网》，2018年4月21日，https://www.sohu.com/a/229007371_351。

西安打造为充满浓浓年味的文化盛宴。其中，除了独具特色的民俗和历史文化，还包括区域的时尚文化、节庆文化、体育文化等。"西安年·最中国"活动包含了新春庙会、文艺汇演、炫彩灯展、VR体验、3D光影秀等多种形式的互动项目与主题表演，通过12个主题31项春节系列特色活动打造了一个现代、活力、时尚的新西安。在2019年"西安年·最中国"活动期间，西安市政府还加强了跨媒体的联合推广。传统媒体方面，中央电视台对活动的开幕式进行了现场直播，同时还对大雁塔的新年祈福活动进行了报道。西安市政府通过微博等社交媒体平台进行宣传活动，以创建热门话题、上热搜等方式为活动造势。在新浪微博上，携程旅行网推出的话题"#西安年·最中国#"已收获4.6亿次阅读量，话题讨论量超过27万次，不少网友在话题下通过vlog和图片晒出自己拍摄的"西安年"活动的精彩瞬间。通过新旧媒体的传播，"西安年·最中国"活动收获了可观的流量，也向更多的人展现了一个从大唐盛世中走来的繁荣新西安。2020年，大唐不夜城开展"中国年·看西安"系列文旅活动，小年夜当晚，大唐门神及青龙、朱雀等12组氛围装置带来浓浓年味，步行街上盛大的彩车巡游与百场春节迎春系列活动随之拉开帷幕，四大文化场馆开展系列展览、新春主题演出及秦腔戏曲展演、新春交响音乐会等丰富多彩的文化主题活动，将传统年俗文化带给市民游客。在2024年的新春系列活动中，大唐不夜城更是以其独特的"唐文化+"属性，推出包括主题灯会、文艺展演、民俗文化、文博探游、美食打卡、旅游体验在内的六大主题9个系列活动，将千年古韵与现代创新深度融合，犹如一部生动的历史画卷，在万盏灯火中徐徐展开，为市民与游客献上了一场别开生面的文化盛宴。

第三节　重庆：一个自带魔幻气质的8D城市

重庆历来是中国西南重镇，整座城市依山而建，被嘉陵江与长江环绕，是巴渝文化的发祥地。传统媒体时代，重庆留给人们的印象多以火锅、山城地形、"火炉"城市以及抗日战争时期的"抗战的精神堡垒"为主。随着抖音的火爆，重庆很快抓住机会，使一座原本偏居西南的工业重镇，在自媒体时代中一跃而起，成为自带赛博朋克[①]气质的网红城市。

从横向对比来看，在首批走红的城市之中，重庆与西安在短视频播放量、流量热度等方面难分伯仲。根据抖音按照城市线上繁荣程度定期推出的"美好城市榜"系列榜单，2022年8月至2023年7月的12个月中，重庆11次占据榜首[②]。作为同样依靠短视频逆袭的西部城市，重庆的走红方式与城市特色和西安完全不同。如果说品类多样的美食和深厚的文化底蕴是西安的对外名片，那么魔幻8D城市就是重庆的代名词。依靠别致的城市景观与丰富的影视资源，重庆的独特形象逐渐深入人心。无论是根据先天人文、地貌等资源打造有赛博朋克气质的都市，还是后天通过影视剧资源培植城市的网红基因，重庆在短视频城市形象传播中的这些成功实践值得仔细分析与借鉴。

[①] 赛博朋克：Cyber punk，指拥有五花八门的视觉冲击效果。

[②]《城市形象新媒体传播报告（2023）——媒介演进赋能城市消费活力》，《复旦大学媒介素质研究中心、深圳城市传播创新研究中心等》，2023年11月9日，第25页，https://new.qq.com/rain/a/20231109A06ZN300。

一、立足城市自身特色，山城地形造就魔幻雾都

城市景观作为直接面向大众的重要城市展示窗口，是城市气质的体现。但在城镇化进程快速推进的当下，当被钢筋水泥包裹的大楼一幢幢拔地而起，城市也在逐渐失去自己的个性和魅力，重庆的崛起则彻底改变了这种千城一面的现状。利用自身特殊的山地地貌，重庆打造了独一无二的别致景观，通过特色建筑与立体的交通系统营造出魔幻空间感。重庆在短视频平台的走红，与这些景观风貌有着最直接的关系。

纵向考察网红重庆的生成过程，其前期主要遵循散点式网红景点传播路线，即借助洪崖洞在抖音平台的爆火，进行"#长江索道#""#皇冠大电梯#""#解放碑#"等相关城市景观话题的挖掘与营销，从而带动后期实地旅游的红火。以最先走红抖音的景点洪崖洞为例，其依山就势，沿江而建，夜间时分灯火璀璨，有着"1楼与11楼出去都是挨着马路平地"的奇妙地势，因为神似宫崎骏动漫中《千与千寻》的一处镜头，而被大量网友转发关注。洪崖洞的走红为重庆带来了更高的关注度和曝光量，在短视频平台中，一些"波浪状起伏的路面""停靠在8楼的2路汽车""导航在这里也崩溃"等风趣的景象得到了视觉显现。同时，由于受地势限制，重庆山水资源丰富，城市交通建设以立体化的设计为主，索道、桥梁、高架路比比皆是。如因施工规划问题而建在居民楼8层的"穿楼轻轨"李子坝；被称为"空中公共汽车"的长江索道将渝中区和南岸区连接在一起，乘坐索道时便可将两岸美景尽收眼底，是当地居民两岸接驳的交通工具；亚洲第二长的皇冠大扶梯，有着陡峭的坡度和更具冲击感的视觉效果，乘坐一次就需要花费2分钟左右的时间……这些立体化的

交通、因地势高低起伏的天际线和特色建筑带来的空间混乱感，使重庆更添魔幻雾都的气质。在短视频平台上，这些带有科技感和魔幻色彩的实物符号的具象化体现，使得重庆的城市传播与从前形成较大的对比，呈现出极具个性与活力的一面。

二、后天培植网红基因，影视符号掀起打卡浪潮

2020年，校园霸凌题材电影《少年的你》热映走红，这使人们将目光再次聚焦到重庆。作为多部影视剧的取景地，重庆十分善于借助影视营销城市，从《疯狂的石头》《失孤》到《从你的全世界路过》《少年的你》《刺杀小说家》，这些影片通过展现洪崖洞、火锅串串、十八梯、山城棒棒、长江索道、滨江路等具有重庆特色的影视符号，实现了对城市形象与市民性格的塑造与传播。在媒介多元化的传播生态下，通过影视剧目塑造城市形象更具隐蔽性，且更容易被观众所接受，在剧中添加能体现城市文化与内涵的元素，可以潜移默化地促进城市形象的高质量传播。以2006年上映的《疯狂的石头》为例，该片以重庆为取景地，影片中包含了过江索道、街角旅馆、复杂立交、罗汉寺等自然与城市景观，勾勒出极具层次感的重庆影像。电影上映后取得了巨大的成功，重庆的地貌地形随之受到人们的关注。2016年上映的《火锅英雄》则更加注重对重庆人的形象刻画，由于剧中的角色多使用重庆方言，方言自带的喜剧色彩使得人物形象更加丰满，同时体现出重庆人直爽、热辣的性格特点，从不同角度丰富了城市形象。重庆由此变得更加丰富立体，亲切可感。

重庆通过影视剧塑造了新的网红打卡地，以此形成独特的影视打卡路线。如2016年上映的《从你的全世界路过》，剧中出现的解放碑、鹅岭二厂创意集市、在天上跑的轻轨2号线、十八梯和洪崖

洞都成为游客打卡的热门景点。电影《少年的你》的热映使得魁星楼、海棠溪筒子楼、邮电路、南滨路和苏家坝立交桥等地成为"打卡"热点。在抖音平台上,有众多关于《少年的你》同款打卡路线以及拍照姿势的视频,截至2024年12月3日,其中点赞数量较高的一条短视频收获了超过61万次的点赞量,转发分享次数超过2.6万次。2020年上线的《风犬少年的天空》,令大兴村居民楼、二十九中(走读部校区)、张家花园、白象居、菜园坝长江大桥、南平坝、山城巷等成为出圈的影视剧打卡地。2023年开播的网剧《脱轨》,让千斯门嘉陵江大桥、"此山居"民宿、灯塔系统"来福士"等成为游客争相前往的热门打卡点。

三、营销理念锁定年轻群体,视线聚焦山城夜间文化

作为在短视频平台发展起来的网红城市,重庆的运营理念牢牢锁定抖音等平台的年轻群体。"迪赛智慧数"公布的数据显示,抖音主要用户年龄为18到24岁,而该年龄段的用户目前占比已经超过35%[①]。与"70后"或"80后"的喜好不同,新一代的年轻群体极具个性,不喜随波逐流,有创造力且更偏爱小众文化,这与重庆很多网红景点的理念不谋而合,如赛博朋克、魔幻8D等关键词正符合年轻人的审美要求。如重庆文创基地创始人在最初就将"90后"的年轻人定为鹅岭二厂的目标群体,为了进一步推广鹅岭二厂项目,还主动为电影《从你的全世界路过》提供拍摄场地。随着电影的上线,鹅岭二厂也成为电影爱好者和文艺青年的必去打卡地。近年来,重庆市政府注意到了影视行业在推广城市形象方面的潜力以及对年

---

① 《短视频用户画像分析:年龄段主要集中18-24岁,占比为35%》,《迪赛智慧数》,2023年03月21日,https://mp.weixin.qq.com/s/zr71Qq1Y06n5ba_-TW9aqw。

轻群体的巨大影响力，喊出了"带上剧本来重庆，其他事情交我办"的口号。来重庆拍摄的剧组，只要发出请求协助拍摄的函件，等待重庆市政府相关管理部门批复同意后，就会有专门的部门为剧组协调在拍摄过程中的一切相关工作。除此之外，重庆市政府还会在影片上映后，根据口碑与质量，提供最高200万元的扶持金额。

　　重庆市政府还将视线聚焦于城市的夜间经济，加强夜间经济规划布局，鼓励依托商圈、旅游景点、夜色商业街等，建设有利于旅游观光和文体消费的夜间经济集聚区，打造一批"本地人常去、外地人必去"的夜景网红打卡地，将重庆发展为一座具有"重庆味、国际范"的"不夜城"，以此促进短视频重庆城市形象的传播。重庆坐拥丰富的山水江岸资源，拥有独特的城市夜景，其磁器口古镇、南山一棵树观景台、重庆人民大礼堂、洪崖洞等都是著名的夜景网红打卡地。据抖音平台统计，截至2024年11月28日，在抖音上带有"重庆夜景"话题的视频已经有14.3亿次播放量，其中有关重庆夜景的航拍视频更是获赞无数。2022年，重庆市曾发布《关于加快夜间经济发展促进消费增长的意见》，明确将从加强夜间经济规划布局、建设多元夜间消费场所、培育"五夜"生活业态、打造夜间消费品牌、推动夜间经济创新升级发展、完善夜间经济功能配套等六方面，加快重庆夜间经济发展[①]。2023年10月，巨量算数联合巨量引擎城市研究院发布了《2023年中国城市夜间经济发展报告》，数据显示，2023年5月夜间经济相关内容投稿量超过6500万条，同比增长118%，内容供给量保持平稳增长。其中，重庆以夜间用户活跃度全国第二，消费力第八的数据表现位列第三位，属于中国夜间经济

[①]《重庆推动夜间经济健康发展》，《中华人民共和国文化和旅游部》，2020年7月23日，https://www.mct.gov.cn/whzx/qgwhxxlb/cq/202007/t20200723_873676.htm。

繁荣度第一梯队①。这一成绩的取得和重庆市政府的努力是分不开的。

除此之外，市政府还着力开展潮流夜市文化，打造"不夜重庆"IP，提档升级夜间经济。如在今年暑假启动"爱尚重庆·2021不夜重庆生活节"系列活动，其中包括南岸区的"重庆啤酒音乐节"、九龙坡区的"2021不夜九龙坡啤酒文化节"等活动，给游客在夜间提供更多的游玩方式。在此期间，官方还开展了"好看不夜重庆"全民短视频有奖挑战赛。市民与游客可通过拍摄具有特色和创意的重庆"五夜"生活、"两江四岸"夜景的短视频，带上"好看不夜重庆"话题上传微信视频号，参与"最佳创意视频""人气视频"等项目的有奖评选。

第四节　长沙：网红"不夜城"的晋级之路

时间回到2010年前后，在电视媒体占据优势的时代，长沙留给人们的印象还是家喻户晓的还珠格格、选秀鼻祖《快乐女声》、长红综艺《快乐大本营》和亲子真人秀《爸爸去哪儿》。而随着时代的发展，短视频的爆火彻底改变了长沙的城市形象，人们心中的文化符号从"追星圣地"湖南卫视转变为长沙独有的奶茶品牌"茶颜悦色"和随随便便排队过万的"超级文和友"，成为新一代的"美食之都"。

对比十三朝古都西安与有着独特地貌特征、深得影视剧导演喜

---

① 《2023年中国城市夜间经济发展报告》，《巨量算数》，2023年6月30日，https://www.163.com/dy/article/I8GEIF0G0511B3FV.html。

爱的重庆,长沙自身的"网红"发展条件并不是十分出色。但通过抖音、微博、小红书等社交媒体平台打造城市 IP、制造网络热点与进行特色的城市营销,长沙已经成为新晋网红城市。2021 年五一节假期中,长沙迎来史上最热五一节假期,在携程发布的《2021"五一"旅行大数据报告》中,长沙入围五一节假期十大热门旅游城市①;2022 年,携程发布《2022 五一假期出游趋势预测报告》,长沙入选热门长线出行目的地城市 TOP10②;2023 年 10 月 5 日,美团发布十一国庆节假期消费数据,长沙上榜全国十大热门旅游城市③。在短视频时代,每一位城市都不想寂寂无闻,流量带来的巨大红利能带领城市实现各个层面的快速发展,长沙的经验值得每一个想要逆袭的城市学习。

一、从"洗脚城"到"美食城",超级 IP 重塑长沙形象

近年来,新式茶饮如雨后春笋般地成长起来,"喜茶""一点点""书亦烧仙草"等品牌纷纷成功出圈,其中处于奶茶品牌流量尖端的"茶颜悦色"格外引人注目。在社交媒体平台上,我们经常能看到"#茶颜悦色希望停止跨城代购#""#深圳茶颜悦色快闪店已排队 3 万号#"等话题出现在热搜榜单之上。作为中式茶饮的代表,"茶颜悦色"以中国古典文化为核心主题,如其 logo 被设计为《西厢记》主

---

① 《2021"五一"旅行大数据报告》,《人民网》,2021 年 5 月 6 日,http://hn.people. com.cn/n2/2021/0506/c195194-34710365.html。

② 《携程发布五一出游预测:近郊轻度假打开生活 B 面 乡村游酒店订单较清明增长 560%》,《扬子晚报》,2022 年 4 月 27 日,https://baijiahao.baidu.com/s? id= 17312484709159620 38&wfr=spider&for=pc。

③ 《"长沙很好,下次还来!"》,《光明网》,2023 年 10 月 7 日,https://baijiahao.baidu. com/s? id=1779051041426764391&wfr=spider&for=pc。

角崔莺莺的执扇图，茶品有"浮生半日""桂花弄""生生乌龙"等有考究的命名，以及古色古香的装潢等，这些符号赋予品牌更厚重的感染力。对于"茶颜悦色"而言，其自身定位、营销方案、产品设计、奶茶的配方用料、实际的口感口味以及消费者的"为爱发电"都是这一超级IP的组成部分。

而在长沙，与"茶颜悦色"齐名的还包括餐饮品牌"超级文和友"。作为长沙最火爆的网红湘菜馆，它以复旧的风格还原20世纪80年代的长沙城市风貌，打造市井中的人间烟火。杂乱的广告牌、破旧的电缆、霓虹灯牌、昏暗斑驳的墙皮……这些符号将老长沙的风情体现得淋漓尽致，拉近了游客在情感上与长沙的关系。长沙街头的经典小吃，如小龙虾、臭豆腐、糖油粑粑等在这里一一呈现。而"超级文和友"的这些设计与美食元素相叠加，通过短视频表现得更具共情力与吸引力，其视听符号带给人更强的视觉冲击感，同时缩短了与受众之间的距离。据抖音平台统计，截至2024年11月28日，在抖音平台上，带有"文和友"和"超级文和友"话题的视频分别有4.8亿次和2.6亿次播放量，吃播达人"小贝饿了"发布的两条"文和友"打卡视频也收获了41万次[1]和28万次[2]的播放量。

"超级文和友"和"茶颜悦色"之所以能够成为与城市绑定的超级IP，除了在营销与设计等层面凸显长沙特色，还在于"城市限定"的影响力。无论是出于运营的谨慎布局，还是出于饥饿营销的理念，

---

[1]《花596打卡长沙文和友，199元20只虾，值得去吃吗?(上)》,《抖音》,2021年5月16日,https://www.douyin.com/video/6962736802742406430。

[2]《花596打卡长沙文和友，199元20只虾，值得去吃吗?(下)》,《抖音》,2021年5月16日,https://www.douyin.com/video/6962737587551210789。

这两个品牌都没有在长沙之外的其他城市开出太多分店，"城市限定"带来的紧迫感通过短视频平台的传播，给长沙带来了持续性的流量，让品牌与城市更紧密地绑定在一起。从另一个角度看，"茶颜悦色"与"超级文和友"早已不是单纯的美食品牌，更是社交媒体平台上值得打卡的长沙美食符号。游客想要获得的不只是简单的味觉体验，更重要的还有在拍照分享行为背后"证明来过长沙和来过网红打卡点"的符号意义。

二、制造热点传播城市形象，历史古城展现青春活力

在短视频城市形象的建构中，长沙善于"创造"或"选择"可能的引爆点进行传播。首先，长沙采用"文化沉淀 + 商业化运作"的模式助力文化形象的呈现。作为山水洲城，长沙是一座自然风光优美、文化底蕴深厚的城市，拥有岳麓山、湘江、橘子洲等名胜古迹，但在抖音等短视频平台上，这种以历史文化建筑符号为主体的内容已经很难引起受众的大规模关注与讨论。基于这一现状，长沙开始不断通过商业运作为之带去流量。例如火爆抖音的橘子洲主题焰火表演，吸引了大量游客慕名而来。表演以橘子洲作为依托，通过焰火秀，将山、水、洲、城这一美妙的城市景观呈现给游客。橘子洲还经常在不同的节日打造特别主题的焰火秀，如在2021年，为庆祝建党一百周年，橘洲焰火还用特别的形式为党庆生，焰火打造出的"1922—2021"和"党徽"图案一时之间火遍朋友圈与抖音。

其次，长沙还创新传播方式，通过影视与感官符号，潜移默化地塑造与传播城市形象。以长沙市公安局和哔哩哔哩联合出品的警务纪实观察类真人秀《守护解放西》为例，该片的豆瓣评分高达9.2分。节目通过记录长沙市坡子街派出所民警审讯、巡逻和纠纷调解

等事件，真实还原了核心商圈基层民警的工作日常。纪实的拍摄将原本公众不了解的派出所工作场景进行了前置，民警在办案过程中遇到的形形色色的人也同样让人印象深刻。节目的内容并不聚焦于惊心动魄的大案侦缉或是警匪对峙，而是通过温情走心的纠纷调解和一次次平凡的巡逻出警表现真实的人间百态，以"小切口"将基层民警接地气、有人情味的形象展现出来。这些真实的故事与人物丰富了网友对长沙的想象，增加了亲近感。该片一经上线便引来了大量的关注与讨论，从B站出圈后，相关视频很快在短视频平台传播开来。据抖音平台统计，截至2024年11月24日，在抖音上"守护解放西"的话题收获了20.8亿次播放量。2020年五一节期间，坡子街派出所成为不少人光顾的打卡点，"#长沙坡子街新晋网红打卡点#"很快登上微博热搜。不少游客甚至组团拍摄"抱头被捕照"，以其复刻影片中的场景。除了影视符号外，长沙还通过感官符号中的音乐符号促进城市形象的传播。如抖音中，音乐人C-BLOCK创作的说唱音乐《长沙策长沙》是长沙城市音乐中最具代表性的一首，许多网友都将其作为自己长沙旅行vlog的背景音乐，开头的第一句歌词"欢迎大家来到长沙"更是成为抖音中的热门话题。据抖音平台统计，截至2024年11月28日，该话题已有3.2万人参与，累计播放量高达2.5亿次。长沙城市画面配上朗朗上口的歌曲，容易使受众产生情感共鸣。而网友发布的旅行短视频从不同角度丰富了长沙城市形象，长沙由此变得更加立体丰富，亲切可感。

最后，长沙通过热点流量追踪推广城市形象。流量追踪，即俗称的"蹭热度"，在社交媒体平台上，紧跟热点话题与事件的行为，在一定程度上能够助力城市形象更快地传播。如在2020年6月，《乘风破浪的姐姐》热播，很快掀起了全民"姐姐"热潮。7月，长沙市委联合芒果TV，推出了"青春芒果节　打卡长沙城"的活动，策划邀请"姐姐们"走出演播厅，走进长沙的网红打卡地，与长沙来一场亲密接触。活动主要以快闪形式开展，通过与市民和游客的互动，传播长沙城市文化。人民网、央广网、《中国日报》等26家媒体参与报道，逾14220个微博大V①参与了讨论。

三、城市营销坚持文旅结合，文创项目助燃星城经济

作为全国唯一的世界"媒体艺术之都"，长沙的文化产业发达，其自身所蕴含的营销与传播属性发挥了重要作用。通过快手、抖音、小红书等新媒体传播渠道，长沙充分发挥"媒体+城市"的协作优势，坚持文旅结合的城市营销，内容主要包括文化IP的推广与文创项目的打造。前文中提到的"超级文和友"与"茶颜悦色"就是基于美食的文化IP，其中"超级文和友"将文化产业的存量资源与旅游业中的增量资源巧妙地结合在一起，用创意的手法将室内空间改造为旅游场景，彰显出独特的长沙文化内涵，带给受众全新的文旅体验。除了基于美食的文化IP外，还有数字文化IP助力长沙的城市形象宣传推广。2021年长沙市政府与腾讯旗下游戏"QQ炫舞"合作，炫舞虚拟偶像"星瞳"成为"长沙非遗文旅推广大使"。活动以"线上＋线下"的形式开展，将非遗与科技完美地结合起来。在游戏中，"星瞳"将舞蹈与长沙的民族音乐作为媒介，带领玩家深度感受长沙的独特文化魅力。音乐方面，"星瞳"的舞蹈编曲将长沙的非遗代表性项目"长沙弹词"融入其中，并使用月琴谱曲。同时对长沙花鼓戏《刘海砍樵》进行改编，加入时尚的电子乐，以使曲目更具

---

① 大V：是指在新浪、腾讯、网易等微博平台上获得个人认证，拥有众多粉丝的微博用户。V是Verified的缩略词，指实名认证账户。

现代化气息，在音乐中增强年轻一代的民族自豪感。在形象方面，游戏还将湘绣元素植入"星瞳"的服饰中，更好地展现出湖湘传统文化的魅力。在线下，活动选在橘子洲景区洲头广场落地，同时邀请炫舞玩家、长沙市民和专业绣娘等超万人在现场共同制作完成"星瞳"形象的巨幅湘绣作品，以打造城市出圈事件。

长沙文旅项目的发展同样让人眼前一亮。2020年7月，长沙新添世界级文旅新地标湘江欢乐城。其由百米深坑改造而来，是世界上唯一一个悬浮于百米深坑之上的、集滑雪与嬉水于一体的主题乐园，在炎炎夏日也能感受滑雪的乐趣。近年来，类似湘江欢乐城这样的文旅项目在长沙蓬勃发展，如炭河古城、华谊兄弟长沙电影小镇、新华联铜官窑古镇、华强方特东方神画和梅溪湖国际文化艺术中心等项目在这几年陆续开业。其中炭河古城在2017年开园后也很快成为长沙的网红打卡点，古城打造的大型歌舞秀《炭河千古情》以西周王朝为主题背景，以国之重器"四羊方尊"为主线，再现三千年前的传奇故事。演出后不仅线下观众反响良好，在抖音上这一歌舞秀的相关话题有很高的阅读量。

第五节　成都：以食为媒塑造城市形象

美食短视频成为城市形象传播的新名片，在城市形象构建与传播中愈发重要。凯文·林奇（Kevin Lynch）提出，"城市意象塑造"理论，开启了塑造提升城市形象的崭新篇章①。然而，一些学者，如

---

① 陈会谦、邢永芳：《城市形象理论概析》，《管理观察》2018年第35期，第78-81页。

格特-扬·霍斯珀斯（Gert-Jan Hospers）指出，"城市意象塑造"理论倾向于强调城市的视觉和物质结构[1]，但城市形象在很大程度上受到人们主观感知的影响。在总结已有研究成果的基础上，彭霞等人认为，在城市形象研究中不应忽视社会经济因素，如"社会意识、习俗、历史和城市功能"[2]。同时，城市形象不仅包括对可见、有形元素的感知，还包括公民活动中的社会和文化意义[3]。研究表明，城市不仅是"风景"，还是一种"感觉"：人们的心理地图由一个地方的气味和声音形成[4]。林奇构建的传统五要素模型较少考虑主观维度，随着后现代主义的出现，城市由过去的外延式发展转向内涵式发展，城市形象的打造和丰富变得尤为重要。

在联合国教科文组织设立的文学、音乐、电影、美食、设计、手工艺和民间艺术、媒体艺术等七大主题的"创意之都"中，手工艺、美食等方面更加突出本土文化资源，为解决中国众多资源型城市，特别是文化资源型城市的发展问题，提供了新的发展思路[5]。其中，美食是最具城市温度和人文气息的文化创意元素，可以增进居民的城市认同，在定位城市文化、重塑城市精神、强化人文共鸣方

---

① Hospers G. J. , "Lynch's *The Image of the City after 50 Years*: City Marketing Lessons from an Urban Planning Classic, "*European Planning Studies* 18, No. 12(2010): 2073-2081.

② Peng X. , Bao, Y. and Huang Z. , "Perceiving Beijing's 'City Image' Across Different Groups Based on Geotagged Social Media Data, "*IEEE Access* 8 (2020): 93868-93881.

③ 同上。

④ Gert-Jan Hospers. , "Lynch's *The Image of the City after 50 Years*: City Marketing Lessons from an Urban Planning Classic," *European Planning Studies*. 18, No. 12(2010): 2073-2081.

⑤ 程小敏、詹一虹：《创意城市视角下"美食之都"的建设实践与思考——以成都为例》，《美食研究》2017年第2期，第22-28页。

面发挥作用①。"民以食为天"，美食是人生活中不可或缺的部分，甚至成为人们外出旅行的重要动机之一②，成为城市形象构建与价值传播的根本载体。在各城市的美食体验被当作参与体验的另一种文化的机会，人们不仅在特定地理位置中享受到品尝正宗优质食物的难忘经历③，还可以感受当地的民风民俗。

如今，与美食相关的城市旅游越发吸引公众的兴趣，并已成为一种全球趋势。美食可以体现该地区的独特文化和性格④，对城市与城市居民、游客而言，美食不仅具有美食本身的物质属性，还衍生出文化消费、服务感知、人文历史等更多与城市综合形象紧密相关的丰富意蕴⑤。从国内外的相关研究可以看出，美食作为一种独特吸引力资源，逐渐成为关于城市形象研究的重要对象，它具有地方差异化，在城市形象的塑造和传播方面具有巨大潜力⑥。

①詹一虹,程小敏:《创意城市网络"美食之都":国际标准与本土化实践》,《师范大学学报(人文社会科学版)》2016年第6期,第76-86页。

②Mak A. H. N. , Lumbers M. and Eves A. et al. , "The Effects of Food-Related Personality Traits on Tourist Food Consumption Motivations, "*Asia Pacific Journal of Tourism Research* 22, No. 1(2017): 1-20.

③Williams H. A. , Williams, Jr. R. and Omar M., "Gastro - Tourism as Destination Branding in Emerging Markets, "*International Journal of Leisure & Tourism Marketing* 4, No. 1, (2014): 1-18.

④Boyne S. and Hall D. , "Place Promotion Through Food and Tourism: Rural Branding and the Role of Websites, "*Place Branding* 1, No. 1(2004): 80-92.

⑤钱凤德、丁娜、沈航:《群体视阈下特色美食对城市形象感知的影响——以广州、深圳、香港为例》,《美食研究》2020年第3期,第30-36页。

⑥Okumus B. , Okumus F. and McKercher B. , "Incorporating Local and International Cuisines in the Marketing of Tourism Destinations: the Cases of Hong Kong and Turkey, "*Tourism Management* 28, No. 1(2007): 253-261.

一、怀旧与纳新：美食短视频城市形象塑造之法

短视频作为传播城市形象的重要媒介，通过语言描述和视觉描述，美食短视频如何塑造城市形象，有何作用？通过分析254个视频发现，美食短视频塑造城市形象的过程由两种看似两面却又相互关联的叙事所维系：一种是有关"怀旧"情愫的叙事，包括构建城市记忆空间和强调社会成员的情感，前者关注于用美食及其相关的建筑、街巷来构建城市记忆空间；后者强调作为社会成员的人类实践与情感体验；另一种是有关"新、奇元素"融合的叙事，即多元文化包容叙事，除本地美食外，外来美食、新型融合美食以及其所象征的外来、崭新文化均有自己的容身之所。抖音短视频平台上，成都市以食为媒，其独特魅力在怀旧审美与日常新生活的交叠共生中得以凸显。

（一）以怀旧叙事塑造城市形象

目前城市形象短视频对于城市的叙事呈现可分为侧重现代化、国际化的宏大叙事和侧重日常生活的微观叙事，美食短视频中呈现的怀旧叙事便属于后者。马尔科姆·蔡斯（Malcolm Chase）和克里斯托弗·肖（Christopher Shaw）提出，怀旧的前提是"时间概念"以及"有缺憾的感觉"[1]。短视频中的怀旧性内容并不是简单地回忆过往，而是充满着对回忆的召唤、改写、重构。在这个过程中，比原貌更为生动的影像和叙事内容会逐渐浮现[2]。

---

[1] Malcolm Chase and Christopher Shaw, The Imagined Past: History and Nostalagia, (Manchester and Now York: Manchester University Press, 1989), p. 3-4.

[2] 张希：《怀旧与镜像：近年中国电影中重塑"过去"的叙事美学倾向》，《当代电影》第2021年第8期，第165-170页。

1.构建城市记忆空间

成都的城市空间和城市形象在美食短视频的怀旧叙事中不断被赋予新的内容。在这一过程中，空间作为时间坐标的投影，固定了对历史事件的记忆，过去的回忆在此得到具象的印证①。在现实与回忆的碰撞中，短视频中呈现的空间是回忆的载体，更是回忆的主体，彰显出强大的历史号召力②，美食及其相关物所构成的空间成为唤醒记忆的媒介。

在美食的语言描述方面（见表3-1），186个视频中出现了对当地美食本身的表达，占比73.2%。食物的品质首先塑造着记忆主体对食物的情结和印象，冒着红油的串串、火锅、冒菜、兔头，"甜酸加麻辣，吃了走路不打扑爬""用重麻重辣来调口"的味蕾刺激，营养的野生菌汤、暖胃养颜的花胶鸡，等等，都对记忆主体的体验记忆产生影响。其中，85个视频中出现了美食的象征性表达，占比33.5%；美食的环境性表达在51个视频中得以体现，占比20.1%，其中强调的是社会记忆中的环境性记忆范畴，包括自然、社会环境与生活场景。在以"据说是成都的土豆界传说……"为标题的视频中有这样的表达："开了好几年，是成都学生的集体回忆，从小推车就开始卖了，后来老板在小区铁门边找了个棚子，也算是有个地方了。"21个视频寄托与传递了情感价值和特殊意义，占比8.3%，强调的是情感性记忆范畴，如视频中的食客夸川菜能排八大菜系之首，是因为"川菜接地气，是我们老百姓都吃得起的菜"。视频中的美食

---

① 阿莱达·阿斯曼：《回忆空间》，潘璐译，北京大学出版社，2016年，第13页。
② 吴亭静、王黑特：《文化类真人秀节目的怀旧叙事与文化意义探析》，《中国电视》2021年第1期，第50-54页。

构建维系生计和交流知识的物质空间[①],为记忆的生产和创造提供了场所。

表3-1　语言描述属性分布情况表

语言描述							
对美食本身的表达		美食的象征性表达					
		环境性表达		功能性表达		情感性表达	
数量	占比	数量	占比	数量	占比	数量	占比
186	73.2%	51	20.1%	13	5.1%	21	8.3%

注:表3-1中,部分短视频在语言描述方面,既包含了对美食本身的表达,也包含了对美食的象征性表达。因此,在后续分析时,涉及语言描述的视频总数超过254,占比总和超过100%。

罗伯特·帕克(Robert Ezra Park)等曾提出:"城市绝非简单的物质现象,绝非简单的人工构筑物,城市已同其居民们的各种重要活动密切联系在一起,它是自然的产物,尤其是人类属性的产物"。[②]在美食短视频中,成都的"苍蝇馆子"和复古主题装修的美食店也已超越本身的砖瓦外形,成为寄托当地人情感的建筑[③]。

在视觉描述方面(表3-2),以"苍蝇馆子"为代表的老旧布置风格出现在52个视频中,占比20.5%。常在视频中出现的"苍蝇馆子"是成都街巷的一道独特风景线,其在街巷上、老旧小区里、某个垃圾桶旁边都可能出现,没有经过精美装修的小饭馆,甚至会被

[①]Richards and Greg, "Evolving Gastronomic Experiences: from Food to Foodies to Foodscapes," *Journal of Gastronomy & Tourism* 1, No. 1(2015): 5-17.

[②]R. E. 帕克、E. N. 伯吉斯、R. D. 麦肯齐:《城市社会学》,宋俊岭、吴建华、王登斌译,华夏出版社,1987年,第1页。

[③]刘阳扬:《城市、建筑与怀旧叙事的悖反——读王安忆〈考工记〉》,《扬子江评论》2019年第5期,第84-88页。

拍摄者笑称为"叙利亚风格"；部分馆子甚至没有店面，人们会在店门口随意摆放的凳子上品尝美食。在并不引人注意的"苍蝇馆子"里，美食以最传统的方式，展示着成都人可以用来区别"对方"、识别"自己"的生活①。以主题餐厅为代表的精致布置风格出现在94个视频中，占比37.0%，其中，复古主题装修居多，老火锅、孔干饭、蛋烘糕、卤肥肠等美食出现时，还会随之出现"完全是小时候的味道""我家小时候就是这样的"等语言描述。传统美食成为当地人日常生活的一部分，在日常实践中不断强化人对城市的认同。

表3-2　视觉描述属性分布情况表

		短视频主题类别	数量	占比
视觉描述	餐饮环境描述（外部）	历史街区	5	2.0%
		自然风景区	2	0.8%
		商业区	19	7.5%
		一般街道	91	35.8%
	餐饮环境描述（内部）	以主题餐厅为代表的精致布置风格	94	37.0%
		以"苍蝇馆子"为代表的老、旧布置风格	52	20.5%
	食物产品描述	当地特色美食	157	61.8%
		外国、外地美食	46	18.1%
		新型网红美食	48	18.9%

　　注：表3-2中，部分短视频未涉及本书所构建的某一类目时，数量计为"0"，但仍有其占比，只是在后续分析部分，这类视频会被忽略。因此，表3-2呈现出的部分类目下的视频总数未达254，占比总和未达100%。

---

①张楠：《以食为媒：饮食文化传播与国家形象建构》，《新闻爱好者》2020年第4期，第61-64页。

　　作为一种物化的记忆形式，街巷在当下成都城市空间的景观呈现上发挥着重要作用。出现有关历史街区视觉描述的短视频为5个，占比2%;出现有关一般街道的短视频为91个，占比35.8%。历史街区虽然更具怀旧感，但一般街道作为成都居民赖以生存的地方，沉淀了更多居民的集体记忆。另外，作为一种休闲和旅游活动，食物和娱乐相关的消费在城市的未来发展中被赋予了越发关键的意义。"外出就餐"成为城市"体验经济"的中心部分，是这一趋势的典型代表，foodatainment（外出就餐）一词被造出以强调外出就餐不仅意味着吃饭①，还代表着城市的部分区域被"出售"以提供餐饮服务。有研究曾针对孟买的一种街头小吃提出问题:食品是如何成为街头食品的? 研究者称:解决这样的问题需要让食物成为城市街道的一个元素，而街道则作为一个位置描述符号而存在②，成都的街巷就是这样的一个位置描述符号。

　　成都美食短视频中呈现的大大小小街巷，是外地人眼中成都的交通与商业的展示，也是成都市民们最质朴的生活场所。如短视频中，成都市民"王鸡肉"挑着一根扁担和两个箩筐，27年走街串巷全靠吼，成为温江非物质文化的传承;又如"成都又一家藏在老居民楼里超好吃的肥肠芋儿鸡被我找到啦""人均1600（元）的川菜馆，藏在这么个老小区的居民楼里"。这些视频赋予成都的街巷以象征意味，从中可以看到由美食、建筑、街巷组成的城市记忆空间充满了符号，共同传达着关于一个城市过去的故事。

　　①Miele M. and Murdoch J. , "The Practical Aesthetics of Traditional Cuisines: Slow Food in Tuscany," *Sociologia Ruralis* 42, No. 4(2002): 312-328.
　　②Solomon H. , "'The Taste No Chef Can Give': Processing Street Food in Mumbai," *Cultural Anthropology* 30, No. 1(2015): 65-90.

2.强调社会成员的情感

米歇尔·德·塞托（Michel de Certeau）在《日常生活实践》中反思了全景式观察城市的方式，认为全景式观察距离日常生活较远，观察城市的最佳视角可能不在空中，而在"下面"[①]。林奇、刘阳扬认为，"我们并不是城市景象的单纯观察者，而是它的一部分，与其他的东西处在一个舞台上"[②③]。刘易斯·芒福德（Lewis Mumford）指出，未来城市建设的主要问题是如何把城市"物质上的质量"转变成"精神上的能量"[④]。其所强调的城市理论，关注的对象首先是城市中生活的人，即坚持以人为本，从人出发构建幸福城市。成都美食短视频中的成都，便是跟随社会成员的脚步行走时，可以被看见的成都，增强了公众对城市的感性认知。

在美食短视频所呈现的城市空间语境中，社会成员是指出镜人与拍摄者，他们积极地生产、复制和诠释符号，为城市空间中的具体标志赋予象征价值，视频中的语言描述和视觉描述所呈现的怀旧叙事成为社会成员的工具，他们借用美食及其相关物表达情感。在视频外，社会成员又指这一城市中的所有人，这样的实践强调人的重要性，地方居民和外来游客共同创造体验，食物、人和城市的互动关系更加密切。

在人与美食互动的过程中，美食所具备的功能和社会价值得到

---

①米歇尔·德·塞托：《日常生活实践·1.实践的艺术》，方琳琳译，南京大学出版社，2009年，第169页。

②凯文·林奇：《城市的印象》，项秉仁译，北京：中国建筑工业出版社，1990年，第1页。

③刘阳扬：《城市、建筑与怀旧叙事的悖反——读王安忆〈考工记〉》，《扬子江评论》2019年第5期，第84-88页。

④Lewis Mumford, The City in History, Its Origins, Its Transformations, and Its Prospects(London: Secker &Warburg, 1963): 353.

关注。在语言描述方面，关于美食的功能性表达在13个视频中得以体现，占比5.1%，其强调的是功能性记忆范畴。首先，食物可以成为个人或家庭的经济支柱，在3个视频中出现的"蛋烘糕婆婆"是不幸却乐观的人，她回忆称自己的腿在几十年前因为车祸留下残疾，卖盒饭的钱拿去给儿子治病。其次，美食还象征着坚守与传承。在有关一家开了30年，不足4平米的凉拌菜小摊的视频中，视频画外音解说道："成都人喜欢这种开在社区里面的老店，周围门店大多数都搬走了，店主却一直坚守，只因为周围街坊邻居熟悉这个味道，且自己也还没找到这一份美味的传承。"理查德·桑内特（Richard Sennett）在分析现代都市纽约的时候，发现了现代城市理念所带来的人的心灵的麻木状态[1]。但在这些短视频中，美食以心动心，以情动情，食物所具有的符号性、象征性，以及被城市居民赋予的价值将城市浓缩，城市所象征的现实与文化价值成为世代相传的情感慰藉和精神力量[2]。

另一方面，成都政府在本世纪开端，就开始从旅游、教育、文化等第三产业全力打造休闲城市的形象，为成都打出自己的特色。即使在如今各大城市的快节奏生活状态下，成都也一直保持自身"慢"的特点。成都市民们的生活体现在个人对时间的支配能力方面，"成都最懒老板，15年不起名不挂牌，一天只卖三小时，懒得回复，不收徒"，"成都'歪'老板，开个面馆还双休"，满足了大量城市打拼者对曾经慢节奏生活的渴望。"三千茶馆泡成都"构成了老成都人一套独特的市井休闲生活文化。拥有大片桃林的龙泉山最富

---

①理查德·桑内特：《肉体与石头》，黄煜文译，上海译文出版社，2006，第5-6页、第363页。

②于雯静、郭永锐、侯欣宜：《食物景观对地方社会记忆的表征和塑造——以〈舌尖上的中国〉为例》，《热带地理》2021年第3期，第495-504页。

有的大爷过着惬意的生活，面对镜头说："我每天下午都要去喝碗茶。"短视频《坐水里喝茶避暑，这么巴适也就四川人了》里说道："饮一杯茶，看山看水，闲里偷忙，好疗愈。"怀旧是充满希望和寄托的愿望投射①，反映了人们对本真的向往和追求。显然，成都美食短视频中呈现的悠闲超越了现实缺憾，与人们寻求慰藉的心理相契合，浓郁的市井气息、慵懒的居民等成为带有浓厚怀旧意味的城市符号，帮助更多社会成员抒发情感，找寻记忆。

美食短视频在呈现城市形象时其怀旧的叙事内容从人物走访地展开，受众跟随故事中人物的视角，从街巷、建筑、美食中获取零碎的城市信息，再逐渐拼出有关城市的整个拼图。美食短视频中的怀旧情愫有迹可循，根植于社会的发展与变迁之中，反映了人们内心深处对真、善、美的向往和追求，为人们带来现实中无法获得的精神愉悦感和满足感②。

（二）以多元文化包容叙事塑造城市形象

现代生活为传统饮食文化增添崭新的时代元素，美食议题本身的生活化属性也相应赋予城市文化以新的传播语境。在短视频中，古、今、中、外等各类文化的融合通过美食这一介质呈现出来，多元文化包容的景象借美食得以表征。

面对"新奇"与"熟悉"的用餐选择难题③④，成都提供了两者

①苗元华：《消费主义时代电影的怀旧叙事与文化记忆——兼评影片〈山楂树之恋〉》，《山东师范大学学报（人文社会科学版）》2011年第6期，第148-156页。
②同上。
③Athena H. N., Lumbers M. and Eves A., "Globalisation and Food Consumption Intourism," *Annals of Tourism Research* 39, No. 1(2012): 171-196.
④Mkono M., Markwell K. and Wilson E., "Applying Quan and Wang's Structural Model of the Tourist Experience: A Zimbabwean Netnography of Food Tourism," *Tourism Management Perspectives* 5(2013): 68-74.

相融合的食物。首先是时间层面的"新奇"与"熟悉"的融合，即古与今的交融。在注意力经济时代，国际化和网红范儿总能抓住受众求新、求异的诉求，但却可能会在一定程度上消解当地特色。然而成都美食积极求新的同时，在潮流中加入了自身文化基因，当年的时尚不仅成为如今人们怀念的对象，还成为热门餐厅中的重要元素。在本研究中，展示成都当地特色的美食短视频有157个（占比61.8%），展示新型网红美食的短视频有50个（占比18.9%）。一家具有老成都街市感的火锅店，全店有精致的现代化装修，但同时，又在店内加入菜市场元素以及换装体验，既保证菜品新鲜，又提供了旧时体验；在三国主题的火锅店里，"乘着仙气出场的诸葛先生"，其箭由鲜虾和麻辣郡肝所象征；"锦囊妙计"由六块牛肉做成了锦囊，分别裹着酸、甜、苦、辣四味。如拍摄者所感叹："只有在四川，文化和饮食才能结合得如此完美。"当地的特色食物在展示城市传统、城市文化方面有重要作用，可以看到，这一幕幕迎合当下审美与喜好的美食消费，也在同样渗透并固化着城市传统文化。

餐饮环境内部描述也呈现出古与今的交融。在以"体验古代小主的生活真不容易"为题的短视频中，餐厅的装修风格为中式复古风，拍摄者称："如穿越时空一般，一秒甄嬛上身。"画面中的点心被放置于屏风上，且展示了一个名为"砚台雪山毛笔"的甜品，其搭配的毛笔可以蘸墨汁（巧克力酱），在雪上（冰淇淋）涂写。另外，餐饮店内的一些元素对年代感进行了体现，上文提到的具有老成都街市感的菜市场元素，用来装老式地道麻辣烫且具有年代感的搪瓷碗等，均成为视频中呈现和堆积的唤起时间记忆的符号，这些符号基于怀旧情感需求所形成，均在一定程度上还原了时代场景。

在空间层面，"新奇"与"熟悉"则是指对于外来者而言的当地美食与家乡美食。全球化的加剧不仅促进人员的流动性，还使食物越发国际化。于是，一方面出现了美食的同质化，"三百多块钱吃遍全世界最新鲜、最土豪的海鲜"，"这里真的可以吃遍全球"等表达体现的是全球化趋势的同质化力量；另一方面，在美食异质化层面呈现美食的多样化。这与上文曾提到的"新奇"与"熟悉"选择难题密切相关。

外来者喜欢消费新奇的食物，是对异地、异国文化的一种体验；但是他们也在寻求一种家的感觉，这种感觉来自吃熟悉的食物。他们所寻求的熟悉感，在成都美食短视频中也体现出来。不同年龄、区域、国籍的人都能在这个城市找到归属感，他们结合当地特色，基于自己的文化，产生了新的表达。在46个视频（占比18.1%）中出现了外国、外地美食。瑞士人来成都开美食店，用瑞士的巧克力和四川的辣椒制作出有辣味的松露巧克力；因为在成都没吃到记忆中味道的美国人，开了一家家庭式披萨店；带着爸妈吃毛血旺的英国人因为在此处生活已久，给初到的爸妈介绍四川花椒，教爸妈用筷子。来到此处的外国友人们通过美食这一介质，为城市带来多元文化体验，也对外传播了中国文化，塑造了多元文化包容的景象。这些美食和相关物展现了成都的独特魅力，让在异地的人们感受到家的温暖，并选择留下来。视频中还展现了全国各地的特色美食，在以"在重庆即将消失的锅巴肉片，成都遍地都是"为题目的视频中，成都的锅巴肉片保留、传承、展示了老手艺、传统做法，让食客感叹"一口回到小时候"；具有广式怀旧风的，被广东游客称赞"地道"的广东菜等均充斥着对城市外来者回忆的召唤和改写，体现了游子的精神归属感。

综上，在本书所观察的美食短视频中，美食的意义不仅在于满足基本的生理需求，还在于唤起感官、情感和记忆的联想。短视频制作者在短频中通过准备、享用和分享美食，以及在当地社会中创建不同的饮食文化环境，以此来触发外来者的家乡记忆，揭示食物在实现多元、包容文化方面构建城市形象的重要作用。

二、温度与活力：美食短视频中的成都城市形象呈现

在相互关联的怀旧叙事以及多元文化包容叙事的实践中，美食短视频塑造的成都既是一个有温度的精神家园，也是一个有活力的现代都市。

(一) 一个有温度的精神家园

在怀旧叙事和多元文化包容叙事的策略下，成都的美食为食客提供具身体验，通过多种感官为人们创造和重建"家"和"记忆"[1]，处处传递出成都在现代化、国际化进程中始终如一的城市温度。

成都的温度首先体现在对"旧"事物的包容中。从上文的阐述可以看出，即使时代在发展，新旧文化理念在交织、碰撞，但在如今的美食中，人们仍能找到儿时回忆。在美食打卡视频里，语言描述和视觉描述都尽显成都人的生活风貌，这类传统食物景观已成为成都人日常生活的一部分。其中一条视频展现了30年前成都的街拍，在画面中，市民们用脸盆般大小的盆子拌面、装菜，在破旧的屋子里、在街上端着碗大口品尝美食。但这样的场景却不止于过去，在记录近年人们品尝美食的短视频中，依然会看到长街上的连串塑

---

①Longhurst R. , Johnston L. and Ho E. , "A Visceral Approach: Cooking 'at Home' with Migrant Women in Hamilton, New Zealand, "*Transactions of the Institute of British Geographers* 34, No. 3(2009): 333-345.

料凳；盆依然是拿来装面、装菜的器皿；人们认可的当地美食所在地依然包括老旧的红砖瓦房。成都美食短视频借助具体化的美食符号予以建构与意义链接，通过"怀旧"氛围进行空间的文化重构，将"怀旧"文化进行"解码"，重现了"集体记忆"的空间①。这样的空间让人们感到熟悉与自在，产生强烈的认同和依恋，有家的凝聚力与温暖感。

成都的温度还体现在对社会成员情感需求的关注中。在商品经济的冲击下，功利、实用的观念充斥社会。在经济快速发展的如今，"对许多人来说，城市，尤其是工业化的城市，与审美是对立的……但城市体验的主要特征仍然是机械和电子产生的噪声、垃圾、单调的摩天大厦、川流不息的车辆和被污染的空气。"②快速发展、流行性、国际化的特征被各大城市所追求，但本研究所观察到的成都，却提供了一个富有价值的审美空间，短视频所展现出的成都，将美学融入生活，切实实践着"慢城"理念，处处弥漫人间的烟火气息。成都市民拥有大量的休闲时光，面馆"每天只开到三点，周末不开门"；肥肠"每天只卤一锅，只卖两个小时"；成都的茶馆一到下午便人声鼎沸。成都的闲适氛围不仅能为当地人构建温暖家园，还可以为外来者提供家的舒适感。

总的来说，成都城市建构透露出这座城市的温度，成都以人为本，关注社会成员的诉求，成为城市中每一位成员的精神家园。短视频中的美食符号在传递情感，传递城市真、善、美的精神与价值

① 刘彬、陈忠暖:《城市怀旧空间的文化建构与空间体验——以成都东郊记忆为例》,《城市问题》2016年第9期,第35-41页。

② 阿诺德·伯林特:《环境美学》,张敏、周雨译,湖南科学技术出版社,2006,第82页。

观方面发挥着巨大作用,体现了成都城市身份建构的独特性。

(二) 一个有活力的现代都市

"活力"一词有两种意思:一是指旺盛的生命力;二是借指事物生存发展的能力, 意指生命体维持生存、发展的能力①。在美食短视频中,成都的活力体现为美食的不断融合与更新,以及街巷中繁荣的氛围。

"多样化文化是城市活力之所在"②。成都美食短视频所呈现的多元文化共存的景象首先便可体现出这一国际化城市的活力与繁荣。该城市在固守本身饮食文化的基础上,不断将全国、全世界的特色、新兴美食转变为本地美食,为受众展示了现代化和全球化带来的文化交融魅力。在"新奇"与"熟悉"的融合下,流行与复古元素共存,成都美食在结合时代进行创新时,将传统饮食文化、审美元素注入其内。如《成都最浮夸的串串》的画外音所说,不同时空的事物在这里来了个世纪大会晤,却一点也不突兀。成都的美食品尝空间也是具有活力的,在具有文化多样性的社会中, 发现和参与各类实践有助于增进对当地的理解,不同区域的人们在开放与包容的氛围中通过饮食进行文化交流。本地人和外来者在餐馆中品尝美食时,都作为美食爱好者而产生对彼此食物以及背后文化的认同③, 这些"相遇"形成社会包容, 促进社会沟通,新事物出现、广泛流通、逐渐发展变得容易,为成都市的繁荣发展带来更多可能性。

①蒋涤非:《城市形态活力论》,南京:东南大学出版社,2007,第89页。

②祁述裕:《建设文化场景 培育城市发展内生动力——以生活文化设施为视角》,《东岳论丛》2017年第1期,第25—34页。

③Bigby C. and Wiesel, I., "Using the Concept of Encounter to Further the Social Inclusion of People with Intellectual Disabilities: What has Been Learned? ," Research & Practice in Intellectual & Developmental Disabilities 6, No. 13(2019): 39–51.

另外，成都繁荣的街巷是美食短视频中的标志性景观。在吃肥肠芋儿鸡的短视频中，拍摄者将镜头对准正在热气腾腾的厨房做饭的店主，说："感觉是去别人家里吃饭，叔叔阿姨悠闲做着饭，洋溢着做客气氛。"在居民楼下吃老火锅的视频中，出镜人边吃火锅边感叹自己喜欢这种一边流汗一边涮火锅的感觉。在市井气息浓郁的美食短视频中，成都呈现出一派具有地方特色的食物环境。吃饭时可能并不优雅、安静，上菜全靠吼、店主用对讲机的情况可能会在成都的餐馆中发生；食客吃饭的地点并非只固定在封闭的空间，除了上文提到的以凳为桌品尝美食外；成都还有大量装在箩筐被人走街串巷售卖的小吃，食客即买即吃。大量美食短视频中还出现了食客排长队的现象，一位外地人在视频中谈道，"发现每一家小吃店基本上都人满为患"。借助美食议题本身所具有的生活化特点，成都的城市活力与发展潜力在美食短视频中体现得淋漓尽致。

三、对成都城市形象传播话语实践的思考

基于詹姆斯·凯瑞（James W. Carey）提出的"传递观"与"仪式观"[①]，以上分析清晰地展示出美食形象短视频既作为一个媒介工具而存在，成为成都城市形象塑造、传播的载体；又开辟了一个"意义和关系汇聚的空间"[②③]。通过抖音美食短视频，成都构建起了其独特的城市形象，其中继承传统、引发怀旧思潮的内容，与推陈

---

①詹姆斯·凯瑞:《作为文化的传播:"媒介与社会"论文集》，丁未译，华夏出版社，2005，第5-7页。

②胡翼青:《显现的实体抑或关系的隐喻:传播学媒介观的两条脉络》，《中国地质大学学报(社会科学版)》2018年第2期，第147-154页。

③刘煜、张红军:《政论纪录片塑造国家形象的多模态话语分析》，《现代传播(中国传媒大学学报)》2018年第9期，第118-122页。

出新、包罗万象的内容共同构建了一个有温度、有活力的成都，成都城市形象通过短视频中的语言和视觉符号资源得以实现。虽然多种模态在传播实践中具有重要象征意义，但美食短视频对成都城市形象的呈现与传播却不只与模态相关。在本书所展示的叙事空间中，基于美食短视频的媒介逻辑、意识形态和价值观念通过符号构建城市身份，对现代大众进行主体询唤[①]，强化其城市认同。

　　在上述观点的基础上，我们首先需要关注传播如何利用美食短视频的逻辑来重塑城市形象。凯文·林奇（Kevin Lynch）曾提出城市的"可读性"问题，美食短视频中的城市也是可读的、具有辨识度的。这与抖音美食短视频的特征密不可分，在抖音短视频的可编辑性、便捷性、连通性和多模态性[②]等媒介可供性支持下，美食符号的使用频次高，具有显著的民族特征，具有凝聚功能和强烈的情感连接、全感体验，传播障碍小的优势[③]更加明显，用户可以随意拍摄、发布带有成都美食符号、呈现成都城市特色美食的短视频，这类视频带来的语言和视觉描述可以调动受众的多种感官，促进怀旧和多元文化包容叙事的传播，城市得到展演。用户在发布短视频的时候，还通过加入"#"标签，进入相关话题，与更多人连通。智能手机的普及让人们可以随时生成影像，观看影像，表达自己，参与社会互动，认识世界。

---

　　①林峰：《移动短视频：视觉文化表征、意识形态图式与未来发展图景》，《海南大学学报（人文社会科学版）》2019年第6期，第144-149页。

　　②Wang Y. and Feng D. W. , "History, Modernity, and City Branding in China: a Multimodal Critical Discourse Analysis of Xi'an's Promotional Videos on Social Media," *Social Semiotics*（2021）: 1-24.

　　③张楠：《以食为媒：饮食文化传播与国家形象建构》，《新闻爱好者》2020年第4期。

在视觉文化时代，智能设备的支持使视觉景观快速渗透并逐渐主导人的生活①，随之带来的是隐含其中的话语权力关系与意识形态对人潜移默化的影响。正如刘煜和张红军在阐述政论纪录片对国家形象的塑造时，提到这一实践过程中存在三种关系主体：由国家和社会组成的意志主体、由创作团队与媒介机构组成的传播主体，以及受众所组成的接受主体②。美食短视频在对城市形象进行塑造和传播时，同样涵盖了这三类主体，且话语权力关系和价值观蕴含在三类主体的互动之中。在美食短视频中，接受主体依然是受众，但意志主体在国家与社会之外，新增了一个"城市"；传播主体并不局限于创作团队与媒介机构，而是所有视频发布者。因此，美食短视频的内容生产与呈现，与上述三类主体的互动密不可分。

美食短视频的内容一方面会受到意志主体和社会文化背景的深刻影响。如戴元初在谈及城市个性时认为，对于城市管理者而言，要推介给公众的绝不是其已经感知到的城市，而是管理者希望公众认知的东西③。美食短视频给予大众一定的话语权，促使其参与到城市故事的讲述中，使其成为城市故事的导演、主角④，在城市形象传播实践中充分发挥自身的创造性。在讲述精彩城市故事时，美食短视频的内容呈现离不开城市管理者所制定的具体政策，以及想要传达的城市品牌理念。同时，这些政策和理念的出现离不开城市自身

①聂艳梅、吴晨玥：《短视频景观的成因透视与文化反思》，《云南社会科学》2020年第5期，第164-171页、189页。

②刘煜、张红军：《政论纪录片塑造国家形象的多模态话语分析》，《现代传播(中国传媒大学学报)》2018年第9期，第118-122页。

③戴元初：《城市个性与性格组合——城市品牌传播的辩证法》，《青年记者》2012年第13期，第71-72页。

④扶国：《城市故事论》，《城市问题》2004年第3期，第3-7页。

的文化底蕴。这在成都体现为，其城市精神离不开天府文化的浸润，成都将"天府文化"概念作为城市品牌予以实践。在实践中，新时代天府文化集中表现为"创新创造、优雅时尚、乐观包容、友善公益"①。这与本书通过研究发现的城市形象相契合。在"天府文化"理念的熏陶下，在三类关系主体的持续互动中，成都城市形象内容中所蕴含的意义与价值得以共享，一个有温度、有活力的城市也由此呈现。可见，虽然美食短视频不像政论纪录片一样，其话语表达没有明显的政治、经济偏向，但作为现实的镜像表达，美食短视频中各种符号资源的展演都无法脱离一定的空间、场景，其在本质上也暗含了国家与城市的价值观念和文化意识形态。

另一方面，对接受主体的关注也必不可少。"人间烟火气，最抚凡人心"，本书以美食为媒介，以短视频为窗口探讨塑造成都城市形象的媒介实践，无论是从其借助的媒介，还是视频中所透露出的怀旧叙事、多元文化包容叙事策略，抑或是最终呈现出的成都城市形象，都表达着现代人的情感需求。然而，在消费主义和泛娱乐化的影响下，目前我国许多城市的形象宣传工作都呈现出同质化趋势，如展示其富有现代化色彩的高楼大厦，或是一味地进行具有娱乐属性的打卡活动等，忽视了城市中真正根植于生活，与城市特征密切相关，具有人情味的内容。在提及城市形象时，由道路、边沿、区域、节点和标志五要素所构筑的城市认知地图②固然重要；但切实感受城市提供的情感体验，挖掘城市的深层内涵与意义，具有更加独特的审美价值，短视频也给现代人提供了一个认识城市的绝佳窗口。

---

① 蔡尚伟：《天府文化的历史韵味与时代表达》，《人民论坛》2019 年第 15 期，第 123-125 页。

② 凯文·林奇：《城市的印象》，项秉仁译，中国建筑工业出版社，1990，第 41-84 页。

第四章　传播症候：短视频平台城市形象的建构和传播问题

　　基于以上三章的分析，我们可以发现，短视频对于城市形象发展具有重要意义，参与其中的多元主体、传播过程中的丰富实践、视频中呈现出的符号载体和叙事方式等，借助传播增强城市吸引力，展现城市立体化形象。利用内容逻辑、技术逻辑、制度逻辑，笔者探寻短视频城市形象传播的生成机理；借助实物符号、感观符号、文化符号、影视符号、人物符号，笔者从真实的案例中获取有关用户如何参与短视频进行城市形象建构，以及城市形象短视频如何促进理解，弱化刻板印象的信息。

　　然而，在短视频对城市形象进行广泛传播的同时，短视频塑造城市形象的后遗症频频出现，影响城市形象的建构和传播。在内容层面，视频的同质化造成"千城一面"的状况，导致城市画像模糊。短视频的过度娱乐化也是一大问题，过多娱乐性质的内容消解了城市文化底蕴。城市形象短视频还被金钱所操控，在消费空间里，过度广告化的内容和"迪士尼化"的城市对城市形象造成损害。在传播层面，碎片化传播会消解城市形象的整体性，城市整体拼图走样。单一化传播会降低城市形象的宣传效果，单一化传播主要体现在传播渠道单一和传播手段单一两方面。在经营层面,用户黏性和城市品牌忠诚度低,用户会渐渐流失,城市品牌塑造和建立难。短视频平台的盈利模式不够成熟。若想通过短视频构建和传播城市形象,并获得长久发展,还需要对这些弊病进行进一步反思。

第一节　内容层面的短视频后遗症

一、同质化：引发城市画像模糊的危机

(一)城市形象短视频的同质化

城市形象短视频的同质化是指与城市形象有关的短视频在内容方面,如城市元素、拍摄手法等方面相互模仿,甚至逐渐趋同的现象。同质化的反义词即差异化,差异化象征着独特与多元。每座城市都有其自身的特色,有关一座城市的,来自官方的高质量作品、来自民众的精彩创意,使得有关该城市的短视频呈现出独特魅力,具有差异性的短视频是广大受众喜闻乐见的。相反,同质化就意味着城市形象通过短视频展现的过程中存在着差异性、个性化缺失的现象,受众难以通过短视频区分城市间的不同,城市画像严重模糊。从现实来看,同质化有其存在的根源,即社会需求的映射。

(二)城市形象短视频同质化的根源

1.市场环境浮躁

在信息高速发展的时代,网络上的爆款短视频作品已经成为可以共享的资源。城市形象短视频同质化现象是当下市场环境中的一种自然结果,各平台因其特殊的算法推荐方式,让热门视频更加热

门，当大量的视频反复传达同一主题，经过数亿次播放后，城市特色名片得以形成①。另外，短视频平台活跃度得以促进的一个重要手段是由平台发起的针对某一主题的挑战活动，在这些主题下有大量的视频存在。因此而诞生的短视频具有浓重的商品属性，对于其是否受欢迎的预测，在某种程度上是建立在受众的主观判断基础之上的，一则城市形象短视频的成功，除了创意性的内容、良好的品质外，常常还伴随着偶然性。就拍摄视频的人来说，可以分为两种，一种是有相关经验、资金的官方媒体、自媒体、网络红人，另一种是由于短视频平台无门槛性质而出现的普通用户。这两类视频生产者都可能会为了能够在最短时间里博得关注和点击量，甚至是获得一些收益，选取已经成为热门的城市或城市元素，用类似的角度、话题呈现已广为人知的城市特点。前者一般有自己的"智囊团"，有较好的创意，也有能力生成优质内容，但可能会为追求热度而迎合平台上的"爆点"，加上自身本身的粉丝基础，这样的账号更容易快速"出圈"；后者往往只是为了记录生活或是跟风打卡而进行拍摄，创意与质量难以保障。

2.受众需求为上

另外，大众传播已由传者中心向受者中心转变，在短视频对城市形象传播的过程中，受众地位显得越发重要，其需求往往对短视频的内容有决定作用。受众需求为上的要求也使得城市形象短视频越发雷同。在短视频社交媒体中，各大城市的城市形象从曾经的抽象，变成如今的亲民与立体化，这便是受众们的需求所致。重庆不只是抽象的"山城"，也是"魔幻8D城市"；成都即便是高高在上

---

① 邓元兵、李慧：《CIS视角下抖音短视频平台的城市形象塑造与传播——以重庆市为例》，《未来传播》2019年第2期。

的"天府之国",但也是一个"来了就不想走的休闲城市"①。作为社会的反映者和建构者,短视频媒体平台上的视频所呈现出来的城市形象,不仅改变了我们认知一座城市的平台,也改变了我们头脑里的城市形象。此外,城市形象在社交媒体上的呈现,还能反过来形塑城市空间,这便意味着:一座城市若想在短视频平台上变得出众,其当地就需要具备成为媒介景观(可供拍照、录像)的打卡点,许多城市的规划与设计也因此改变。②另外,大量城市形象短视频内含有故事线或是以第一视角看城市,这也是对受众心理的满足,他们在强烈的现场感和参与感中,开阔了视野,减轻了生活压力。

(三)城市画像模糊的危机

现阶段,城市形象短视频同质化现象的出现有其必然性,但这并非正常,也给城市形象带来了一定的危机。

一方面,城市内部特色展示趋向同质化,如与网红城市重庆有关的短视频中,大量出现洪崖洞、李子坝"轻轨穿楼"、解放碑等,不仅元素大同小异,文案、呈现角度也千篇一律。一个好的呈现得到大量受众的肯定后,必然会引起更多人的模仿,这就造成了严重的内容同质化问题:同质化的视频生产者推出同样的视频主题,呈现同样的城市元素,运用同样的推介话术……这些视频呈现出的拍摄角度、传播内容,甚至是背景音乐都往往雷同,视频生产者的创新力不足以形成高质量内容,不足以支撑用户的消费需求,平台的高活跃度也就无法保障,相关短视频的城市形象传播效果较差,如

---

①《短视频如何改变城市形象认知?》,《新京报传媒研究》,2021年02月22日,https://mp.weixin.qq.com/s/kDHVlx8KafEmOLG37btHJQ。

②同上。

让受众感觉审美疲劳,对城市提不起兴趣;城市形象的呈现十分局限,城市多元化特色被忽略,受众对城市形象产生刻板印象;对一些城市的认知只局限于某些有限的网红"打卡地",[①]而另一些其自身历史、文化、地理特征在短视频中显现不明显的城市,在受众看来,就只有平庸,甚至是更消极的印象了。

另一方面,在各个城市之间也是如此。城市形象是城市核心竞争力的重要资源性要素。[②]如今,各地都意识到良好的城市形象对城市竞争力的提升有关键作用,积极借助短视频呈现城市魅力。在此过程中,如若一个城市形象塑造成功,其他城市会竞相模仿,以求"出圈",从而导致各城市之间原有的城市特色不再突出,特色城市元素的展示在内容、形式上均有一定相似性,常常出现城市自然风光、特色建筑等的简单罗列,城市特色符号作用缺失。如作为热门打卡地的各城市的古城,本是当地具有特色的展示物,但为了追求与热门古城一致的"美丽",一些城市不顾当地古城的本身形象气质,片面追求视觉效应,忽略环境美化本质,盲目跟风"灯上树",用大搞亮化工程等手段取代自然景物的做法,不但非生态,不可持续,而且与时代发展要求不符。[③]在这样的情况下,许多城市自身的区域特色丧失,城市景观趋同率高,受众难以区分类似城市,城市画像模糊。另外,无论是国际大都市还是一般城市,相关短视频都会呈现出其极具现代城市特征的区域,如对商圈、宽敞马路的展示,这就背离了每个地域鲜明的城市特色,不利于城市品牌的维护以及

---

①高旭阳:《抖音短视频中的城市形象传播研究》,硕士学位论文,陕西师范大学,2019,第44页。

②王沁:《关于城市形象广告同质化的思考》,《考试周刊》2007年第10期。

③王沁:《关于城市形象广告同质化的思考》,《考试周刊》2007年第10期。

消费者识别。

　　有关城市形象的短视频大多没有与相关城市的自身特点、发展战略相结合，城市的个性和内涵在同质化的短视频中被冲淡。就我国城市来说，有北京、上海、广州、深圳那样的超级城市，也有成都、杭州、武汉那样的省会级中心城市，还有因景观等受人关注的特色城市，各个城市在地区、全国乃至全世界范围内处于怎样的地位，是高质量的城市形象短视频需要呈现出的，这就需要视频拍摄者清楚地了解城市的形象定位。①但现在的局限一方面是，抖音这类短视频平台设置的挑战话题本就趋于同质化；另一方面是，各个短视频平台上的短视频生产模式是 UGC 或是 PUGC（professional-generated content，专业用户生产内容）模式，可以激发用户创作兴趣，但大量发布视频者并不专业，为了博得点击量，往往跟随模仿平台上较为火爆的内容，制作的视频对于宣传城市形象来说，意义与价值偏低，城市形象传播成效较差。

　　如今，许多城市的特色和灵气都在逐渐褪去。经济、互联网的发展，生活水平的提高，以及一系列旧貌换新颜的举措，使得城市更加美好，人民生活更加富足，更多的城市大力发展旅游业，吸引广大外地游客来访，这一目的借助短视频的无门槛生产、快速传播，得以更好实现。但更多的时候，各方又会忘记初心，为快速获得利益，在盲目效仿下，做快餐式的短视频。见到短视频中某座热门城市十分现代化，其他城市，甚至是拥有久远历史的古城、古镇等会大力进行旧城改造，大量蕴含历史、文化的建筑被拆除，相关的文化记忆随着时间的流逝而被人们逐渐遗忘，短视频所拍之处，皆是

---

①王沁：《关于城市形象广告同质化的思考》，《考试周刊》2007 年第 10 期。

高楼大厦、闪烁的霓虹灯，逐渐沦为打卡者、游客想看到的模样，相关短视频的同质化使各城市的建设风格更加融合与统一。在建设过程和媒介呈现中，有关城市的文化、原本的魅力等要素没有得到同等的重视与保护，城市与城市形象短视频都是同质化的产物，失去个性。

二、娱乐至死：消解城市的文化底蕴

（一）主流文化与娱乐至死

尼尔·波兹曼（Neil Postman）曾指出他的担忧：通过电视和网络，一切都以娱乐的方式呈现；人类心甘情愿地成为娱乐的附庸，最终成为娱乐至死的物种[1]。这一切都有迹可循，如今流行文化已逐渐成为我国现实意义上的主流文化。这与我们在传统意义上对主流文化的认识有所不同，在很多方面可以说是相反的，甚至有可能是颠覆性的。伴随着改革开放、新时代的来临，社会经济快速发展，政治氛围更具包容性，流行文化从当初刚兴起时被排斥的境况，发展到如今，流行文化全面兴起，形成了多元文化"百家争鸣"的局面。

在新世纪后，流行文化所占据的领域得到了大规模的扩展，逐渐演变为消费主义文化。本书从技术的角度出发来阐释这类文化在呈现城市形象的短视频中出现的现象。在这类文化的影响下，人们往往会认为城市形象短视频的生产标准是以消费者的需求为导向的，这样的认知就是"消费至上"的体现，即资本以投资形式生产符合某些所谓标准的内容时，也同时生产出人们的需求，这些需求是对社会个体基本精神需求的异化。与此同时，消费主义文化还与文化

---

[1]尼尔·波兹曼：《娱乐至死》，章艳译，广西文学出版社，2004，第5页。

工业相融，大量流行书籍、音乐、电影、电视、在线社交以及其他文化形式和文化产品共同发挥作用，吸引广大受众的注意力，娱乐成为人们的重点需求。

（二）过度娱乐化需求的内在成因

在传统媒体居主导地位的时代，城市形象的构建与传播主要依靠政府和媒体的宣传，主要宣传方式是媒体的报道或城市形象宣传片（或是宣传广告视频）。这种单向的宣传在社交媒体时代难以获得有效反馈，无法精准定位受众群以及精准传播，传播效果不够理想。到了互联网普及并迅猛发展的时代，有关城市形象的信息传播从理念到模式都发生了巨大变化。基于互联网的可移动设备使受众从某一固定空间中解放出来，加之信息过载让现代人为追求快速得到更多的有效信息而产生的碎片化阅读习惯，使得短视频显现出强大的传播优势。城市形象随之借助短视频平台广泛传播。

从人口统计学角度来看，短视频平台用户与在线景区旅游用户的基本信息高度一致，他们首先有较大的休闲娱乐需求，且有一定的休闲时间和经济条件。另外，这一群体中的大多数是互联网原住民，接受新事物和接收新信息的能力强，乐于展示自我，热衷社交，在出行中对所见所得进行创作，以展示自我并获得他人的反馈，达到社交的目的。这一群体中的意见领袖还可以通过对某些城市或某些城市中的某些元素的拍摄和剪辑，生产出高质量视频，在短视频平台上广泛传播，满足其视频受众对趣味内容的需求，得到有生成相关短视频意愿者的后续模仿。这促使了城市形象短视频内容传播的加速，甚至使其轻易成为"爆款"；甚至会激发有意愿、有能力前往当地旅游的人们的需求，为城市形象宣传以及城市的旅游产业做贡献。

另外，人们消费至上的观念和猎奇心理也在其中发挥了重要作用。所有与城市相关的人和事物都呈现在一个可以消费和商业化的形象中。那些传统的传播方式和严肃化的城市形象无法引起短视频平台受众的兴趣，只有新奇、刺激的元素，才能激发他们的观看、行动欲望。传播者们对受众这样的心理需求了如指掌，于是不断加强对娱乐性强的内容进行创作。短视频平台的垂直屏幕浏览模式给人一种身临其境的体验，全屏幕更生动地展示了城市形象短视频中各个城市、城市元素的细节。随着平台用户的指尖下滑，伴随着未知的后续短视频极大地激发了观众的好奇心，于是用户将长时间沉浸在漫无目的地观看视频的娱乐与消遣状态中，将短视频平台上展示的壮观的城市景观、炫目的科技、刺激的娱乐项目视为现实生活。

（三）城市文化底蕴的消解

其实娱乐化的内容本没有错，就如抖音的"记录美好生活"标语一般，用户拍摄娱乐化的视频不仅可以进行自我展示，还可以满足他人的娱乐休闲需求；且短视频平台上的各种有关城市形象的标签、话题、竞赛等娱乐性较强的活动，可以快速引发潮流玩法，促使用户产生兴趣，广泛参与。当用户在本地游玩或是外地旅游后，发布有关城市的短视频，该城市的形象就得以进一步构建与传播。但如今，城市形象短视频中呈现的过度娱乐化倾向使得城市形象与各类娱乐形式过分关联，城市自身文化内涵被忽略，甚至逐渐被消解。

1.过度娱乐化：人的展演为主，城市景观为辅

当一切社会文化都以娱乐的形式表达出来时，也是这个社会危机的开始。[1]"全球潮流音乐，搭配舞蹈、表演等内容形式，还有超

---

①尼尔·波兹曼：《娱乐至死》，章艳译，广西文学出版社，2004，第5页。

多原创特效、滤镜、场景切换帮你一秒变大片"，如抖音短平台的介绍语所言，音乐、舞蹈、表演都是短视频中的主要呈现，即使在大量本该以城市元素为主的展示城市风貌的短视频中，也是如此。

　　传统的城市宣传视频会选用特定的背景音乐，以发挥音乐补充、烘托情境、渲染氛围的作用。而在短视频平台上，有大量音乐可供视频生产者选择，其中很多是潮流类音乐，给人以节奏感与运动感，不同城市、不同元素可以搭配相同的背景音乐，同一城市、同一元素也可以搭配不同音乐；再结合特效，作为十足的娱乐消费品的城市形象短视频便形成，其随时随地可拍摄、可上传视频的便捷性和无门槛、低成本的制作，引发更多用户的模仿制作。短视频中的城市与一些具有当地特色的音乐结合的同时，也与平台库中一些与城市毫无关联的热门神曲有着愈发密切的联系。

　　发布视频的用户都有展示自我的需求，舞蹈和表演这样的娱乐化呈现方式自然而然地融入了城市形象短视频中。这些用户自身的展演可以在一定程度上提升内容的趣味性、创意性，满足大众的娱乐需求，但同时也造成了个体展演的"反客为主"，出现抢占城市本身元素展示的问题，甚至可能引发安全危机，不利于短视频对城市的宣传。

　　就抖音平台上与某座城市相关的舞蹈来说，参与者们会自编舞蹈或是参与某些相关话题，模仿示范视频来拍摄自己的短视频，如武汉"抖擞舞"、南京"甩甩舞"、成都"熊猫舞"，形成一种"个体舞蹈+城市景观"[1]的模式化短视频。这些视频的重点都是吃喝玩乐，如呈现城市美食的短视频时，对并不那么具有城市特色，但上镜却

---

　　[1]扶倩羽：《基于抖音UGC短视频的城市形象传播探究》，硕士学位论文，湖南大学，2019，第35页。

引发用户好奇的美食进行更多的展示。另外,过度娱乐化还体现在猎奇内容的增长上,呈现特色城市景观时,会进行夸张的呈现,如用疯狂吃辣椒来体现川渝人爱吃辣的属性;再如为突出某空中景观的惊险与刺激,以夸张的故事情节进行表演;还有一些人为追求刺激,获得高关注度,拍摄并发布自己站在悬崖边、高楼上跳舞的视频,曾引发安全事故。这些夸张和刺激性的自我呈现,不仅与城市本身关系不大,还会引人围观,引人模仿,对城市形象与社会都造成消极影响。这些过度娱乐化内容将本该传播城市形象的舞台,转变为低俗的秀场,就如同控制受众的"奶嘴",使其把注意力从关注城市的魅力转移到这些看似满足休闲娱乐需求的内容上,实则是对人、对城市的消耗。

2. "奶头乐"现象消解城市文化底蕴

用户使用短视频平台可以看到更广阔的世界。随着资本和人力的加入,城市形象短视频内容进一步细分,各个细分领域形成城市多维度的"传感器"。抖音与清华在2018年发布《短视频与城市形象研究白皮书》,其中提及抖音短视频中城市形象的符号载体可总结为BEST。其中,B(BGM)即城市音乐,E(eating)即本地饮食,S(scenery)即景观景色,T(technology)即科技感的设施。刘新鑫认为,这个法则还应添加一个C(culture),也就是城市文化——城市要想"C位出道",最后还需要有文化内核,加上了文化的内核,BEST法则才会更有意义。[1]

但是短视频的呈现常常缺失对城市文化的呈现。城市音乐、本地饮食景观景色、科技感的设施都可以是城市文化的沉淀与体现,

---

[1]《抖音+清华发布:短视频与城市形象研究白皮书》,《搜狐网》,2018年9月18日,https://www.sohu.com/a/254628329_152615。

但是更多的视频却只是浮于城市各元素的表面，体现出的思维是：光鲜亮丽的、上镜的内容才更有意义。短视频平台带动了许多如成都、重庆、西安、长沙这样的城市成为网红城市，也让城市中一些在本地人眼里并不出奇的景观成为网红打卡地，促使用户从线上到线下，从注意力贡献到经济贡献，在这一定程度上促进当地发展。然而，从观看到旅游，网红打卡地背后的历史、文化含义，却常常被人们所忽略。短视频平台本身的确是偏向娱乐化的，展示的内容也是偏快速与潮流的，呈现趣味性内容无可厚非，但过于注重娱乐，缺乏对历史、文化的传递，视频内容只会流于表面，受众能记住的也只是景观本身，对其所具有的社会、人文价值一概不知，甚至把很多具有厚重文化沉淀的景点单单看成一般的网红地，且随着时间的流逝，这些网红打卡地会随着大众被一个又一个新鲜网红景点所吸引，而被遗忘。

三、过度商业化：异化城市空间

（一）城市空间塑造中的景观符号化

随着城市化进程的发展，全世界的不同地区、不同的城市都在重塑城市空间。我国积极参与全球化进程，在对外交流中，外来资本大量涌入中国，中国的社会空间不可避免地受到西方消费社会的影响。[1]"资本具有粉碎、分割及区分的能力，吸收、改造甚至恶化古老文化差异的能力。"[2]一方面，资本通过"时空压缩"的手段来满足其扩张需求，通过构建新的地理空间以消灭时间，创建了包括

---

[1] 张晓璐:《当代居所空间的异化与想象》,硕士学位论文,华中师范大学,2015,第9页。

[2] 大卫·哈维:《希望的空间》,胡大平译,南京大学出版社,2003,第31页。

基础设施等方面的独特地理景观，如利用铁路、汽车等交通手段或互联网这类的通信手段来减轻时空障碍；另一方面，则将空间视为生产方式，塑造"第二自然"，呈现出新型城市地理景观，[①]如高楼大厦、宽阔的街道、夜间闪光的立交桥等。

在与大众的娱乐生活密切相关的城市形象短视频中，这些影响体现得淋漓尽致。首先，中国的国际大都市积极引进外来技术、资本，发展自身，相应建设了更加与国际接轨的新型城市景观，这些景观又在相关短视频中呈现出来，绚烂夺目的景观极大地吸引受众目光，激发其前往旅游、打卡、拍摄、炫耀的欲望。随着城市形象的这般广泛传播，觉察到红利的更多城市、地区纷纷效仿，城市充满了欲望，越发浅层化，城市本该有的独特景观，也成为视频中的一个个象征现代化和经济发展的符号。短视频中呈现出的城市的光鲜与独特，似乎与本地人所感知的不太一样，如重庆本地人不会觉得李子坝"轻轨穿楼"是一件值得打卡展示的事情。短视频中呈现出的各大城市形象逐渐脱离人的日常生活，成为利益相关者获得经济效益的场所。

（二）过度广告化模糊宣传与营销的界限

在全球化背景下，我国各大城市纷纷获取资金、劳动力等资源，城市发展速度快，加之短视频媒介的广泛传播，城市本身成为被凝视的焦点。当短视频对某些城市进行更多呈现，以使这些城市的积极形象为更多人所知时，城市间的对比越发明显，竞争也越发激烈。更多城市希望通过被短视频赋予，以及呈现出更吸引人的形象，良好的城市形象可以为城市带来较高知名度与美誉度，吸引大量的资

---

①张晓璐:《当代居所空间的异化与想象》,硕士学位论文,华中师范大学,2015,第8页。

金、人才等，促进城市的进一步发展。这一切需要借助有效宣传的力量，短视频是很好的传播城市形象的介质，但是如今的短视频中，出现了大量偏向与营销目的有关的城市广告。其实我国也有专门的城市广告以宣传城市形象，我国的城市广告常常是由政府主导的，是城市特色元素和城市发展进程中所取得的成就的集中体现，常常会发布于平面、电视、互联网等媒体之上，需要较大的资金支持。与一般传播活动相比，城市广告更为硬性；而与城市广告相比，短视频城市形象传播过程中的广告化内容，有更明显的经济目的。如今，由政府主导的城市广告越发注重与受众间的情感沟通，而短视频中的城市形象传播反而借鉴广告的信息表达，越发广告化，宣传与营销的界限变得模糊。

根据中关村互动营销实验室数据，2023年中国互联网广告市场规模预计约为5732亿元人民币，较2022年上升12.66%，与疫情前2019年的市场规模4367亿元相比，增长了31.26%，四年复合年增长率为7.04%。另外，2017年以来，视频广告一直保持高速增长，至2023年收入规模已达1308.71亿元，其中视频信息流广告贡献主要收入规模，为942.27亿元。今年视频、短视频与直播带货的持续火爆，是视频类广告保持高速增长的主要原因。[1]数据呈现出中国互联网广告业的巨大潜力，以及短视频平台上广告化内容的发展前景。城市形象短视频广告化在一定程度上，可以满足广告商的需求，短视频平台的个性化算法推荐、互动模式，以及相较于一般广告而言，广告化内容所具有的软性特质，可以使广告化内容的成本降低，因为受众在观看短视频的同时，会自然地接收这些广告信息，若有意

---

[1]《2023中国互联网广告数据报告》，《中关村互动营销实验室》，2024年01月10日，https://mp.weixin.qq.com/s/Ir4BMZ0CbhEsww2FsLD3xg。

愿分享，将轻松实现二次传播，提高营销效果。

但如今，城市形象短视频中体现的过度广告化会损害用户体验。由于这些并不明显的广告信息是隐藏在视频内容中的，平台对其审核时也不一定会准确察觉到，对其限制作用有限，于是出现更多的内容质量较差的城市形象短视频，且这些视频在获得一些利益后，更加地无节制出现，大量广告被投放进城市形象短视频中，不仅是内容，突然跳出的插入广告，甚至短视频旁的评论区中，也充斥着一片水军，纷纷为短视频中推销的产品叫好，影响用户观看视频的体验。另外，传统媒体上的广告有明确的辨识性，消费者的知情权得到充分尊重。但短视频广告具有原生性，容易消除受众的抵触心理，一些受众并不能准确分辨视频到底是城市元素的展示，还是某些产品的推广。如最易做营销的城市美食类短视频。一些广告化的视频来自城市美食相关话题中出现的广告，如"#成都美食"下，按综合排序前几位的有关麻辣兔头的短视频，视频下方就出现了写有"视频同款"的购物链接，且链接中也不是与城市美食有关的产品。还有许多以宣传城市美食、总结城市旅游攻略的媒体号，粉丝量巨大，其内容是宣传其城市吃喝玩乐的项目，但其中也会夹杂广告信息。刻意将城市与产品连接，在传播城市形象的短视频中插入貌似相关或是完全无关的广告内容，会引发受众的不良观感，不仅影响此类账号制作上传的视频的传播，也会导致城市形象宣传的不力。

（三）网红红利促成"迪士尼化"城市

"网红"是网络红人的简称，这一词所代表的群体从刚开始的出现至今，经历了被大众鄙夷到如今被世人追捧。越来越多的人受到经济利益的驱动，渴望成为网红，网红行业越发常态化。网红的出现通常是由于其自身的某种特质在网络作用下被放大，满足受众的某些需求，受到极大的追捧。如今通过短视频形成的网红城市也是如此，由于某座城市具备了某些让受众感兴趣的要素，被受众广泛传播，甚至激发人的线下打卡意愿，视频和城市共同成为爆款，相关者获得经济收益，网红红利可观，网红城市也越来越成为社交媒体时代城市传播话语之一，推动城市媒介化、符号化。[①]

从媒介化角度来看，因短视频而火爆的城市体现出的是短视频这一媒介对城市空间、城市元素的呈现与传播，媒介改变了我们对城市形象传播平台的认知，也改变了我们对城市形象本身的认知。媒介化作为一种与全球化、个性化、商业化紧密联系的机制，不仅能再现城市及城市形象，还能作为一种社会力量，深刻影响社会与文化景观。[②]

从符号化角度来看，"我们的生活浸淫在川流不息的符号之中"，这些符号，有关于社会个体本身的，也有关乎我们目光所及的建筑的……[③]短视频里的网红城市，作为一种网络流行符号，被短视频用户所认同，激发其对这一符号进行线上传递，如转发、点赞、评论以将其变成爆款；以及线上、线下消费，如在网络上或线下购买与当地或该元素有关的产品，又如去往该城市旅游、打卡。可以说，城市形象在短视频平台上的传播，加强了线上网络空间、线下城市空间、社会个体间的联系。

---

①吴玮:《网红城市:社交媒体推动下的城市媒介化》,《泉州师范学院学报》2020年第1期。

②Krotz F. Media Connectivity: Concepts, Conditions and Consequences. Connectivity and Flow[J]. *Conceptualising Contemporary Communications*, No. 1(2008):13-31.

③吴玮:《网红城市:社交媒体推动下的城市媒介化》,《泉州师范学院学报》2020年第1期。

　　另外，这个由符号构建的世界，本身也隐喻着媒介化的逻辑。[①]这些有关城市的符号产生于网络，却在日常生活中对真实的城市产生影响，我们不得不提到如今我国城市形象变化趋势中不可忽略的一方面："迪士尼化"现象。

　　可能我们会对"迪士尼化"感到陌生，但迪士尼乐园是被人所熟知的。首家迪士尼乐园（Disneyland）于1955年在美国加利福尼亚开幕以来，在半个多世纪中，世界各地相继建成或开建迪士尼乐园。时至今日，迪士尼乐园已成为一种独特的商业建设和运营模式，成为一座座城市的"区域级名片"。[②]因其具有独特的意义，国内外学者开始对与迪士尼乐园相关的现象进行研究，逐渐产生"迪士尼化"（Disneyfication）这一概念，它超越了迪士尼乐园的范畴，成为表征消费社会城市空间特征的、具备普适性的社会学概念。[③]

　　艾伦·布里曼（Alan Bryman）将迪士尼乐园的营造特征归纳为五点：主题化、混合消费、商品化、表演性劳动、控制与监视。[④]"迪士尼化"（Disneyfication）在英文中被表述为：社会吸取迪士尼主题公园的某些特征，如主题化、多样性、人性商品化、表演性劳动化、消费者中心化等，这与布莱曼对迪士尼乐园特征的描述相似，"迪士尼化"城市自然也呈现出上述特点。

　　首先是城市元素的主题化。主题化发展一般是受到了短视频平台上有关爆款城市的某种启发所致，且有当地政府和开发商的支持。

---

　　①吴玮：《网红城市：社交媒体推动下的城市媒介化》，《泉州师范学院学报》2020年第1期。

　　②Bryman A. Disney and His Worlds（London: Routledge, 1995）.

　　③杨震、刘欢欢：《当代中国城市建筑的"迪斯尼化"：特征与批判》，《建筑师》2015年第5期。

　　④Bryman A. The Disneyization of Society（London: Sage, 2004）.

城市元素的主题化为城市形象附加靓丽的色彩。就目前各大城市的主题化来看，主要有主题公园、主题化的环境、主题化的风景三类。①主题公园如自然主题公园、文化主题公园、迪士尼式主题公园等，其中文化主题公园的建造是为了呈现当地的文化环境，但很多公园只有其名，却未见内涵，相关短视频的标签也大量贴上"××网红打卡地"几个字。主题化的环境指主题购物中心，如古街道、旅游镇、创意集市、餐厅等地。受消费主义驱动，看似富有文化、历史内涵的古街道、旅游镇其实是当代的主题化再造，在各大短视频平台上火爆的重庆的磁器口、成都的宽窄巷子，去年建造的邯郸串城街历史文化街区、新晋山西运城平常街……这些根据古建筑主题或是复原传统建筑主题的城市元素再建造，被标签为"网红打卡地"，受到网红红利的影响，成为消费导向的场所。就主题化风景而言，多是一些"形象工程"景观，在城市形象竞争过程中，各大城市受到短视频的影响，学习其他城市的城市改造，广修中心广场、景观大道，装点城市灯光等，为吸引"他者化"的目光，力求上镜和靓丽，把潜在游客，甚至是市民当作观众，把城市当作舞台，以宽阔的街道、几何形的广场、巨型喷泉或雕塑为标志，②或者按照短视频及其受众给自己的定位和印象新增一些景观，用现代化、华丽的人工布景装饰整个城市。如新增城市建筑上的灯光点缀，现在许多城市都像重庆一样，夜景很美，灯光如昼；又如重庆李子坝"轻轨穿楼"成为火爆打卡地后，其楼下新增超大观景台。

---

① Gareth Shaw and Allan M. Williams. Tourism and Tourism Spaces (London: SAGE, 2004), p. 255.

② 朱军、刘奕晨、王文达:《"迪士尼化"对中国城市的影响及应对——以上海为例》,《上海城市管理》2020年第1期。

另外，混合消费、文化内容商品化、表演劳动也体现在这些主题化的空间内。主题化的街道、商圈会结合探险、娱乐、餐饮等，提供一站式购物体验，消费主义和消费导向特征明显，这些上文已经阐述过的内容，均体现出城市混合消费的特征。①表演也是如今城市形象短视频吸引受众目光的重要方式之一，如2017年四川成都黄龙溪古镇边拉面边跟随音乐跳舞，被称为"妖娆拉面哥"的拉面师傅，吸引了广大本地人、外地游客去面馆、黄龙溪古镇打卡；又如大唐不夜城不倒翁小姐姐爆火网络。不少网红因为这样的表演出圈，也为城市形象宣传和城市旅游业的发展助力，但更多城市、更多人跟随利益的效仿，让表演显得千篇一律，且"翻车"现象时有发生。

这些就是城市"迪士尼化"的结果，在网红红利的影响下，有关城市的呈现，相关利益者更多考虑该元素的视觉呈现效果，比如，是否与众不同而能否让人感觉眼前一亮，是否足够上镜而能否引发人的打卡兴趣等，而不是真正地将城市发展成更加舒适宜居、具有生活和文化方面魅力的空间。

第二节　传播层面的短视频后遗症

一、碎片化传播消解城市形象的整体性

（一）短视频传播中的碎片化和去中心化

短视频时长从几秒钟到几分钟不等，迎合了快节奏生活频率下，

---

①朱军、刘奕晨、王文达：《"迪士尼化"对中国城市的影响及应对——以上海为例》，《上海城市管理》2020年第1期。

注意力稀缺的人们对便捷化、迅速接收信息的需求,用户可以随时随地观看短视频或是关闭手机。为了让用户使用更加便捷,抖音等短视频平台均有提供乐曲库、滤镜、特效供受众选择,使得短视频创作与剪辑简单易操作。在短视频平台上发布视频的无门槛,吸引了更多用户的生产参与,用户可以在日常生活中随时随地录制有关自己所在空间的短视频,并发布出去,可以分享自身的感受,还可以获得亲朋好友,甚至远方网友的转发、点赞、评论回馈。在传播城市形象方面,短视频相较于传统的城市广告、城市宣传片来说,更加亲民与娱乐化,可以随时随地为更多人呈现城市故事,被越来越广泛地运用于城市形象的宣传工作中。

在短视频平台提供的虚实交往的情境中夹带的碎片化信息,使得空间的形象和隔阂消解与重构,各种关系互联,以及边界消失,城市在这种情境下开始新形象的塑造和传播。①从内容属性上看,短视频具备视频媒介的直观性,能够轻易营造现场感;拍摄者大多是拍摄身边事,其内容贴近受众的日常生活。另外,短视频平台的分发机制具有去中心化的特点,每一个用户发布的短视频都可能成为爆款,每一个用户也可以依据自己的喜好选择是否观看、传播视频。这种自由、开放的结构使得短视频平台上有关城市形象的视频,都是从用户自身出发对城市进行呈现和阐释的,并没有一个固定的系统和标准。

(二)城市形象整体拼图走样

以往提到城市,我们会想到城市的各个方面:人文历史、建筑

---

① 何治良:《空间生产理论视域下的重庆短视频城市形象建构》,硕士学位论文,西南大学,2020,第1页。

景观、政府行为、公共设施、治安状况等元素①，城市形象由这些方面共同构成。以往提到城市宣传，我们会想到由政府或是主流媒体主导的，有关城市方方面面的广告或是宣传片，呈现的城市形象更具有完整性和一致性。

但短视频的短暂性，使得视频中呈现的有关城市信息较少；上文提到的同质化，又使得人们获取的城市元素相似，少量的信息与内容的相似性破坏了城市形象的整体性。在短视频中，人们对城市形象的认知被消解为个性化的碎片，各个平台及个人对经济效益和消费空间的追求和呈现，也将这种认同分化进一步放大。

就短视频平台上的网红城市而言，重庆、成都、西安、长沙等均拥有海量短视频与居高不下的关注度，与这些城市相关的短视频多数常常在1分钟以内的时间里，将城市的人文历史、独特景观、政策措施、政府形象、公共设施、治安状况、特色美食等呈现出来，短短的1分钟传递的信息是有限的，各城市的真实空间以这样碎片化的方式重现，能被人记住的常常是城市中最具有代表性的事物。如位于重庆的洪崖洞（被称为"重庆千与千寻"）、特色建筑长江索道（山城空中公共汽车）、两路口的皇冠大扶梯（全国最长的坡地电动扶梯），体现了重庆的魔幻山城标签。位于成都的历史文化街区宽窄巷子、全国甚至是全球大熊猫最多的熊猫基地、三国历史遗迹武侯祠、世界文化遗产和道教发源地的青城山，体现出成都的文化底蕴。位于西安的大雁塔、大唐不夜城、古城墙等，体现出西安的历史魅力。长沙的夜经济，臭豆腐、"茶颜悦色"等美食营销，体现出长沙吃喝玩乐方面的品牌化特征。这些看似具有特点的印象，实则

①宋雅楠：《抖音短视频平台城市形象传播策略探析——以重庆市为例》，硕士学位论文，河北大学，2020，第29页。

在各种标签的作用下，让城市形象变得单一和平面化。

用户受到自身视野限制、短视频单条的信息容量上限限制，短视频城市形象传播不完整、碎片化的问题凸显。且从受众角度来看，这种与主流媒体传递城市形象的方式不同的传播才是当下说服力最强的传播形式。①因此，外地受众很难在短视频中所呈现的旅游景点之外考虑到重庆、长沙的人文魅力，也很难在呈现的历史、文化景观之外，感受到成都、西安的娱乐与休闲。通过简短的视频，人们往往聚焦于那些通过短视频塑造和传播的形象，而忽略了其他的城市形象特征及记忆点。②这些印象随着短视频的广泛传播，不仅影响当地人对本城市和日常生活的客观判断，也会使其他受众群体对该城市产生印象固化。

前一秒还在重庆看"轻轨穿楼"，后一秒就在成都逛宽窄巷子，下一秒可能在大唐不夜城看璀璨灯火，接下来还可能在长沙喝"茶颜悦色"……短视频的碎片化传播在一定程度上强化了城市的某些特点，但也破坏了城市记忆的完整性。不同的短视频从不同角度呈现某一城市或某一城市元素，雷同环境的不断出现把受众的注意力聚集在几个固定的打卡地，受众无法全面地感知一座城市。碎片化的信息传播也会导致传播"噪音"的出现，城市形象建构在拼图中走样，受众无法准确认知城市。③

前文提到，城市形象包括了许多方面，作为城市形象短视频细

---

①谭宇菲、刘红梅：《个人视角下短视频拼图式传播对城市形象的构建》，《当代传播》2019年第1期。

②宋雅楠：《抖音短视频平台城市形象传播策略探析》，硕士学位论文，河北大学，2020，第29页。

③卢新亮、谢亮亮：《城市形象的短视频建构：场域、策略与反思》，《现代视听》2021年第3期。

分内容的城市音乐、本地饮食、景观景色、科技感的设施等都是城市形象的重要呈现方面。抖音生活服务数据显示，在2023年的中秋、国庆双节长假中，仅中秋当天，抖音餐饮内容搜索量达1.3亿次。整个假期，餐饮商家抖音线上门店浏览超5亿次；共有23万场美食相关直播在抖音上演，众多明星达人、商家、机构在手机前为游客推荐心宜美食；488万条短视频记录各色美食，总播放115亿次，随看随买、随吃随拍成趋势。①这类视频具有生活质感与烟火气息，内容也更具城市辨识度，其中呈现出的新鲜食材、烹饪方式、特色商铺、美食制作者与一般吃客的言行都会从多方面构建与传播城市形象。但通过对短视频平台，如抖音上的城市美食短视频的观察发现，美食短视频呈现的有关城市的要素少，城市形象单薄。美食店铺内环境的呈现会吸引更多食客去店铺品尝美食，但无法满足外地人对当地城市的想象；美食媒体人出镜太频繁而本地一般居民的缺场，会影响市民精神风貌的体现；美食短视频体现的多是人与美食的互动，一部分视频会呈现当地特色美食，还有大量视频会呈现更多上镜的、精致的其他地方的美食，对当地形象的呈现方面的作用会有所削弱。上述情况都可能加深外地人对某城市在某单一方面的印象，缺乏对城市更全面的认知。

可以看出，移动短视频时代拍摄无门槛，由用户广泛参与制作和传播的城市形象会面临一系列问题。一般用户在呈现视频时，都是从自身角度出发，拍摄自己的日常生活，虽然更具有接近性，但对城市形象的理解和表现单一。这样单一的不断重复，还会构建和

---

① 《城市形象新媒体传播报告（2023）——媒介演进赋能城市消费活力》，《复旦大学媒介素质研究中心、深圳城市传播创新研究中心等》，2023年11月9日，第15页，https://new.qq.com/rain/a/20231109A06ZN300。

强化受众头脑中对城市的单一的、主观性的、碎片化的印象。没有经过统一布局和系统性谋划而呈现的城市形象，犹如走样的拼图，无序散乱。①

二、单一化传播降低城市形象的宣传效果

传统的城市形象传播主要依靠政府或是传统媒体，通过广告、活动性事件等手段来宣传城市的旅游等形象。这样的模式在渠道和手段上都略显单一，且各地政府主导的形象往往关注严肃、宏观内容的呈现，缺乏更具接近性、独特性、趣味性的内容，城市形象扁平，可能呈现"千城一面"的情况；同时，即使在一定时间内发挥了宣传城市的良好作用，受众面也较小，且无法发挥后续的持续作用。而互联网时代，交互、开放、多元的媒介出现，短视频等新媒介的介入为受众带来新的表达方式，构建新的具有当代特色的话语语境，带来城市形象传播方式的新变革。

就城市形象短视频而言，城市形象传播的基本单位是"用户及其短视频"。②在城市形象短视频传播的过程中，用户通过与城市相关的短视频，以及通过观看、转发、点赞、评论他人发布的相关短视频，以形成与城市形象传播过程的关联。这些发布者，是居住在当地或是短暂在当地停留的人，与城市有着实际的场景关联；但更多的人，只有通过短视频平台才能与城市产生虚拟联系，因此，对于通过短视频了解城市的用户来说，该城市城市形象的传播渠道只

①宋雅楠：《抖音短视频平台城市形象传播策略探析》，硕士学位论文，河北大学，2020，第34页。

②周晓彤：《基于移动短视频的城市形象传播策略》，硕士学位论文，山东师范大学，2019，第54页。

有通过短视频，才能构建起来，传播渠道较单一。从传播的手段来看，城市形象短视频的多方参与制作，带来了更为多元、年轻、立体的话语表达与城市内容，平台为用户提供背景音乐、滤镜、特效、多样字幕等傻瓜式操作方式，以拍摄、上传、发布城市形象短视频，在一定程度上弥补了在传统城市形象传播的过程中，只靠广告或活动宣传而显得叙事方式不足的问题。但其依然存在传播手段单一问题，主要依靠用户、流量宣传城市形象。①

（一）传播渠道单一：仅靠短视频平台

短视频对城市形象传播有重要作用，但不应将其看作唯一途径。目前，各类与短视频及城市形象相关的数据表明：短视频传播在呈现城市魅力，带动城市旅游业发展方面具备巨大潜力与优势。在网红城市、抖音城市被成功塑造后，城市形象传播越发依赖短视频，但过分依赖短视频这一趋势会带来困境。如前文曾提出的城市形象短视频的同质化、过度娱乐化及过度商业化这三个问题，都会在各个方面影响短视频城市形象宣传的效果。

城市形象的传播是一个漫长而持续的过程，但只依靠在短视频平台上发布、观看有关城市的短视频，是达不到潜移默化的效果的。首先是受众范围问题，虽然短视频平台的用户量极大，且逐年上升，但如果只是关注几个平台而言，受众范围并不广，影响力有限。其次，短视频平台上的有关城市的内容都有其平台特征，智能算法推荐有其特定的标准与倾向性，相互借鉴的视频具有一定的同质性，呈现内容、模式都是相似的。再者，受众观看以秒计数的短视频，单条视频播放时间短，看完后并不能在头脑中留下很深的印象，潜

---

①周晓彤：《基于移动短视频的城市形象传播策略》，硕士学位论文，山东师范大学，2019，第54—55页。

在的影响较小。作为媒体作品,短视频需要被投放到各类媒体上,才会获得更好的传播效果,但就目前而言,只有专门的短视频平台和个别社交媒体平台上会出现城市形象短视频。

如今是全媒体时代,城市形象传播需求呈现多样化态势。城市形象短视频的宣传效果固然良好,但只重视短视频,而忽略对其他,如两微一端、户外广告等媒体的使用,欠缺平台间互动,如内容的互提和引流,城市形象传播效果必然大打折扣。传统媒体对城市的宣传和展示是扁平化的,在曾经一段时间里有其可取之处,但我们知道其传播效果并不佳,如今的新媒介有良好的传播效果,但单一渠道的传播并不能覆盖到尽可能多的受众,还易困于一种形式,让受众出现审美疲劳。

(二)传播手段单一:用户+流量模式

在通过短视频进行城市形象传播的过程中,短视频、城市形象、用户三者不可分割,城市形象传播主要依靠用户运用短视频拍摄、剪辑技术,将自身在某城市中的实际体验进行直接记录或是美化包装,是个体身体位移与媒介书写相融合的结果。[1]这是用户进行广泛参与的城市形象传播,有个体单独进行和团队合作之分,参与传播的过程中达成了一种隐形协作关系,以"集体拼图"方式,营造出一派参与式文化氛围,群策群力地传播城市形象。其中,单独发布视频者可以是生活中的每一个人,无须技术,没有时长限制,随手拍摄、发布也可以是对城市形象的呈现,但不一定能有效地传播出去。但团队合作者,如网红、自媒体、政府等往往有资金、技术、创意的支持,更易发布高质量、广泛传播的视频作品。

---

①扶倩羽:《基于抖音 UGC 短视频的城市形象传播探究》,硕士学位论文,湖南大学,2019,第13页。

　　前文曾提到短视频的过度商业化趋势，也提到网红红利的作用，为了更好地获得经济效益，各短视频平台也有自己的一套流量机制。如在抖音平台上，成功上传城市形象短视频后，平台方会把该视频随机分发给200～600个用户。如果视频超过推荐基数，就将进入待推荐列表。如果转发、点赞、评论量大，便会再次进入推荐列表，且叠加推荐，此视频将会被更多人观看，流量由此产生。城市形象的短视频也常常借助流量的东风，成为爆款，由此便可进行"明星营销"。明星营销在随后持续发力，其中"人"是最关键的因素，明星用户、明星视频、明星城市、明星打卡地被一般用户不同程度地进行模仿、传播，但这样依靠流量的模式本身便是具有单一性的，再加上视频模仿时，出现的单一主题故事叙述、镜头语言、表现手法，甚至是城市的模仿改造、建设面子工程等，更易给受众带去城市千篇一律的感受。

　　短视频的城市形象传播禁锢于平台上简单的用户与流量相结合的模式，城市形象宣传缺乏其他传播手段的加持。如各大城市经常会举办一些大型活动以提升城市形象，政府或其他活动组织者会通过各种手段开展宣传，近年来也常用短视频予以辅助，这本是更多元化的传播手段，但有关活动的短视频也在各方因素的影响下，出现同质性强的问题，且常常只呈现了活动中某一很小的部分，让在网络上初次观看者毫无头绪，事件与短视频上的呈现脱节。诸如此类的其他可进行城市形象传播的手段，目前也较难或较少地融入短视频城市形象的传播中。

第三节 经营层面的短视频后遗症

一、用户黏性和城市品牌忠诚度困境

(一) 短视频用户黏性现状

由于短视频的拍摄、发布等门槛较低,且视频长度较短,受众可以花很短的时间观看大量丰富的短视频,可以满足用户对娱乐、自我呈现的需求。同时,短视频中出现的故事化情节,也会让受众有代入感或代偿感,与视频中的内容产生虚拟联系;还会在评论区与远距离网友产生情感共鸣,或是分享给周围的亲朋好友产生互动,满足社交需求。从这两点来看,短视频平台上的用户黏性是存在的。然而,随着新媒体的发展,用户需求的增加,我们也看到大量城市形象短视频出现了前文提到的同质化、过度娱乐化、过度商业化问题,造成用户新鲜感的降低,用户黏性越发欠缺,用户逐渐流失。

(二) 短视频的城市品牌营销与城市品牌忠诚

城市品牌是城市的独特标志,是城市规划者结合当地的独特要素,通过精准定位,提炼出的城市核心精神和独特个性。城市品牌营销即将整座城市视为一个企业,将城市的各种资源进行规划整合及品牌设计,向目标受众宣传和推销。城市品牌营销的过程也是传递城市品牌形象内涵,提高城市品牌知名度和美誉度的过程。城市品牌营销在增强城市居民的凝聚力、吸引人才、吸引投资、带动旅游业的发展、提高城市综合竞争力等方面有重要作用。[1]

---

[1] 宁维英、芦璧琳、鲁婷:《基于短视频社交媒体的城市品牌营销分析——以西安市为例》,《西部学刊》2021年第6期。

　　短视频对城市品牌营销的作用与上文提到的对城市形象传播的作用相似，短视频的便利性、娱乐性等特质都为用户提供了自我呈现和打开视野的平台，与各个城市相关的元素在平台上广泛传播，促进了城市旅游业的发展。

　　城市品牌忠诚度则是针对消费者而言的。品牌忠诚度表明消费者对某一特定品牌有积极的态度，并倾向于定期购买该品牌，品牌忠诚度对于实施营销策略和相关研究来说，是至关重要的。品牌忠诚度有行为和态度两部分，其中，行为忠诚指品牌产品的重复购买；态度忠诚即消费者对一个品牌的态度是积极的。具有高度忠诚度的消费者更有可能会向其他人推荐这个品牌。与品牌忠诚度较低的消费者相比，品牌忠诚度较高的消费者如同品牌倡导者或品牌大使一般，与品牌之间的联系更为紧密，且会表现出重复购买该品牌产品行为的倾向。[1]将品牌忠诚度概念嵌入城市品牌忠诚度中，城市内部利益相关者的满意度，主要通过对城市的"亲身体验"而形成；而外部利益相关者主要通过短暂的"体验"、他人的介绍、城市宣传等形成对城市的印象。[2]这一印象会对城市品牌忠诚度产生影响。对于城市品牌忠诚度来说，也就是城市品牌忠诚度高者，会对城市有更积极的态度，会将与城市相关的短视频转发给周围朋友，会向周围人夸赞这个城市，甚至会经常去往这个城市。提高短视频受众的城市品牌忠诚度对于城市品牌发展可持续性来说，是必不可少的。

---

　　[1] Li Mingway, Teng Hsiuyu, Chen Chienyu, "Unlocking the Customer Engagement - Brand Loyalty Relationship in Tourism Social Media: the Roles of Brand Attachment and Customer Trust," *Journal of Hospitality and Tourism Management*, No. 44(2020): 184–192.

　　[2]吴伟、代琦：《国外城市品牌定位方法述要》，《城市问题》2010年第4期。

（三）用户黏性和城市品牌忠诚度不稳定

受众通过观看有关城市的短视频，接触某个城市后，其城市品牌会对受众产生直接或间接、短期或长期的影响。因此，受众的反应也是城市形象、城市品牌传播效果的呈现。赵世超曾从两个层面总结抖音平台短视频品牌信息的传播效果，体现在两个方面：一是品牌自身，即传播效果的时间性、内容性和目的性；二是受众反应。①本部分将从这两方面出发，阐述用户黏性和城市品牌忠诚度低导致的城市形象传播效果困境。

首先是传播效果的时间性。从产生效果的时间上可以分为直接效果、间接效果和潜在效果。②在观看有关城市形象的短视频后，受众的认知、态度、行为都可能产生一定变化，如在抖音短视频平台上一个名为"重庆"的共有341.6亿次播放量的话题中，有一个有关重庆洪崖洞夜景观景台的视频，发布于2020年8月10日，该视频有6.3万条评论数，其中有许多当天发布的评论，如热评第二位的"生来北方人，向往南方情"。其下方有大量回复，如一个月之后的"走呀走呀，一起去南方"或是如@其他用户"想和你去一趟""几点去看合适呢？有推荐的时间点吗？""拍得这么好看，我就想去这里"等。从当天的评论可见，有关热门城市的短视频发布后，能迅速被观众接收，并得到积极反馈；直到一年后，仍增添不少新的评论。由此可见，热门打卡地能快速产生直接和间接效果；一些在几年前发布的热门视频，几年后的今天，同样有用户对其进行评论，存在

---

①赵世超:《抖音短视频品牌传播策略研究》,硕士学位论文,河北大学,2019,第38页。

②赵世超:《抖音短视频品牌传播策略研究》,硕士学位论文,河北大学,2019,第38页。

较好的潜在效果。但是并不是所有城市的城市形象短视频都如热门城市的短视频一样幸运，还有更多与城市相关的短视频即使有较高的点赞量，也缺乏能看出效果的评论，评论区更多的是夸城市美丽，夸拍摄者很会拍等，在认知和态度上有一定的变化，但很少提及"想去""将要去"这样的字眼；发布评论的时间差也较小。

其次是传播效果的内容性。从信息传播的内容和方向来看，可分为规范性、理解性和享用性效果。[①]其中，其目的在于规范行为的，如城市官方号发布的一些有关科技、政策类信息的短视频，常常体现出规范性效果；其目的在于使受众知道的，并予以理解的，如消除自己城市形象刻板印象，塑造多元、全面形象的城市的展示类视频，常常体现出理解性效果；其目的在于提供社会服务性信息的，如呈现城市热门打卡地、独特的风土人情、城市旅游行程等视频，常常体现出享用性效果。在城市形象传播效果的内容性层面，依然有一些城市的用户黏性和城市品牌忠诚度表现良好，而另一些城市情况较差。本地居民会对本地的各类视频产生更大的兴趣，以及在评论区安利自己所在的城市，但外地受众并不太关注城市出于规范性目的而录制的视频，对一座城市的刻板印象也很难消除，只有在观看那些展现美景、美食，或是具有刺激性的高空游乐项目的视频时，才会表现出更大的兴趣。

最后是传播效果的目的性。从传播目的来看，可分为正效果和负效果。[②]与热门城市有关的、上镜的、具有创意性的城市形象短视

---

①赵世超：《抖音短视频品牌传播策略研究》，硕士学位论文，河北大学，2019，第39页。

②赵世超：《抖音短视频品牌传播策略研究》，硕士学位论文，河北大学，2019，第39页。

频才会收获更多传播正效果,从评论区的回复、艾特等互动也可以看出,无论是本地还是外地观看者的用户黏性和城市品牌忠诚度都较高。但有更多的视频,评论区中的褒贬不一,一些目的和初衷是宣传城市形象、消除城市刻板印象的视频,也可能因为其同质化、拍摄技术不好等因素加深观看者对城市的负面评价,造成较差的传播效果。

可见,热度在短视频城市形象传播中起到了关键作用,引发大量追捧的城市有更高的热度,用户黏性和城市品牌忠诚度高,各城市间差距较大。同时,在短视频平台上,用户较年轻,没有稳定性,且用户与城市内容之间的联系是虚拟的,一旦出现更有趣的短视频或其他传播城市形象的媒介产品,他们会立刻转移阵地。用户的相互影响和带动力有限,当城市热度减退后,用户黏性和其城市品牌忠诚度同样会逐渐降低。

二、短视频平台盈利模式不够成熟

短视频平台近几年的发展态势良好,吸引了广大投资者的关注,投资者蜂拥而至。短视频平台也逐步转变为投资商、内容生产者和用户之间的中介,短视频行业的业务生态链逐渐建构。投资者的最终目标是盈利,但目前由于短视频平台的盈利模式不够成熟,反而加速了行业规模和业务变现的失衡,[①]对城市形象传播产生不利条件。

(一)平台运营成本方面

随着短视频行业的日益繁荣,平台用户数量不断上升,在扩展

①刘瑶:《作为中介关系的 MCN——中国移动短视频传播业态的失衡与构建》,硕士学位论文,南昌大学,2019,第17页。

业务的同时，平台运营成本提高。大量用户愿意参与短视频的生产，就以城市形象短视频来说，如今各个城市在抖音平台上都有相关短视频作品。

短视频数目多，内容复杂，需要平台方进行审核才能发布。如今，短视频审核一般有初审和复审两道程序：初审控制安全线（不合法、不健康的内容需要过滤），通常不分配流量；复审不仅要对初审后的内容进行再审核，还要发挥控制各类内容流量获取的作用（产品格调把控），再随机分配流量，后续如果某视频获得的浏览量较高，便会获得更多流量。抖音作为重视内容运营的平台，负责内容审核的人员，还需要手动挑选出符合调性的内容，打造自己想要的社区。①我们平时观看视频时，手指所滑到的城市形象短视频就是这样呈现于我们面前的。这一套审核机制看似系统化，但目前由于智能审核技术的不成熟，大量的审核工作仍然需要依靠工作人员来进行。就城市形象短视频来说，如今越来越多用户热衷于拍摄自己的身边事、身边物，展示自己的日常和休闲旅游活动。面对数目繁多的城市形象短视频，人工审核的效率较低。据业内估算，一个内容审核员一天只能审核1000～2000个视频，这远远达不到用户生产量的需求。在这种情况下，短视频平台的监管难度极大，有关城市的短视频可能会出现低俗化、过度娱乐化等影响网络健康环境的情况。

另外，平台方期望扩大产业规模，这就需要引入更多优质原创短视频以吸引用户，这也意味着平台需要支付大量的版权费，与此同时，平台上的侵权、盗版事件也时常发生发生，影响用户体验，

---

① 《你所不知道的短视频审核二三事》，《TAKI文娱》2020年3月16日，https://www.sohu.com/a/380552848_179850。

也会在一定程度上影响城市宣传效果。

（二）平台盈利模式方面

短视频平台盈利模式单一，如今主要是源于广告、互动、IP[①]。城市形象短视频较少涉及IP，因此本部分主要探讨短视频通过广告和互动盈利的问题。

目前城市形象短视频广告植入的方式简单，如传统的植入式广告，已有研究表明，通过强化产品与网红匹配度、产品与情节关联度、用户对网红喜好度三个匹配因素，能够增强用户使用过程中的沉浸感，降低了其对短视频中网红植入广告的逆反动机和回避意向。[②]但在城市形象短视频中，这样的广告模式不成熟，其形式简单，较为生硬，且短视频本身时长较短，呈现城市形象时，还有广告穿插其中，能够提供的信息量极少，宣传效果不尽如人意，这样的广告数量不断增加，还可能引起用户不满，对这类视频产生抵触心理，广告商变现难，平台获利减少。

在互动方面，短视频平台的流量价值没有得到充分挖掘。目前，广告商紧跟短视频平台上的潮流趋势，选取用户感兴趣、流量集中，且与自身产品相关的城市进行投放，但这也会使得其因为热度不够，而忽略一些有潜力、有创意的短视频或账号。另外，一些所谓的短视频关键意见领袖（KOL）或许有足够的热度，但他们在进行内容生产时，质量参差不齐，也有缺乏对广告转化率有效评估的情况，导致广告商无法对产品进行准确定位，做到精准投放。而那些花费

---

①即"知识产权"，英文全称为 intellectual property，本书中指的是拥有一定粉丝基础，可供二次创作与开发的作品版权。

②黄元豪、李先国、黎静仪：《网红植入广告对用户行为回避的影响机制研究》，《管理现代化》，2020年第3期。

了大量时间和精力创作优质短视频内容的用户，因为流量因素而得不到重视，内容变现难，导致持续创作难。因此，现在有不少建议指出，应该利用平台内容的价值为用户创造盈利，并提升用户长期稳定的盈利能力，吸引用户直接向短视频内容付费。[1]

短视频内容付费确实是一个有益的举措，只是目前在短视频平台上，高质量内容的稀缺，以及找不准用户痛点都是用户付费意愿的巨大阻碍。平台方依然需要不断探索和完善自身的盈利模式，给借助短视频开展城市形象传播活动增添新的活力。

---

①桂宇:《用户思维下移动端短视频发展研究》,硕士学位论文,海南师范大学,2019,第23页。

第五章　优化路径：利用短视频
传播和建构城市形象的策略

　　城市形象是指城市经济、文化、环境等因素给市民带来的整体感受和印象。同时，城市形象的提升也将改变城市的投资环境，提高城市的吸引力，带动人才、资金、技术等优势资源的积累，加快城市的整体发展。作为城市发展的"软实力"和"硬实力"的展现，城市形象的构建和传播不可忽视。在新媒体时代，出现了许多不同的新媒体形式，其中短视频是目前最热门的新媒体传播渠道之一。它具有创作门槛低、内容普及、时间分散、传输速度快、社会属性强等特点，短短几十秒或几分钟的视频填补了用户的碎片化时间，满足了用户在短时间内对内容信息密度较高的需求。因此，随着移动终端的普及和网络传播速度的提升，这种时长短、传播快、高流量内容的新兴社交媒体迅速成为当前互联网用户中一种独特的信息传输方式。

　　随着用户数量的增加和短视频的广泛传播，各种短视频内容应运而生。其中涉及城市自然景观、人文历史、人文风情、独特美食等内容，种类繁多，且与城市形象有关，此类短视频在平台上呈现出裂变式传播特点。在获取大量短视频用户的同时，创造了巨大的平台流量,打造了西安、重庆、成都等网红城市。根据巨量引擎城市研究院发布的《2023美好城市指数白皮书》,90%以上的用户肯定抖音在传播城市品牌方面的影响力,其中有49.5%的用户认为其非常有影响力,短视频传播对城市形象力已得到广泛认可。①在短视频的帮助下,众多网红城市的城市形象得到塑造和传播,城市旅游、经济、文化等相关产业得到推动。同时,城市形象也进一步向海外传播,不断深化和扩大城市在海外的影响力,提高城市的国际竞争力。与传统媒体不同的是,短视频更具互动性,内容更加丰富。随着新媒体时代的到来,短视频引领了城市形象的建设与传播,开创了城市形象传播的新方式。不可否认,城市形象的构建和传播与短视频的参与是分不开的。

近年来,短视频蓬勃发展,城市形象传播也进入了一个新的历史发展阶段,即进入了在碎片化、视觉化、移动化、社交化的短视频平台上进行传播的时代。互联网上热门城市、爆火城市的崛起,都离不开短视频平台,短视频在其中发挥了至关重要的作用。短视频开创了城市形象传播的新方式,以其独特的方式促进了城市形象的传播。本章论述了短视频平台城市形象传播和建构的策略,一方面是对短视频如何影响城市形象传播的问题进行研究,进而对其他城市形象的传播具有一定的指导和参考意义。另一方面,可以深入探讨城市形象的优势和存在的问题,为政府部门、短视频创作者、短视频平台等未来传播城市形象提供参考建议,更好地促进城市形象的建构与传播。

---

①《2023美好城市指数——城市线上繁荣度白皮书》,《巨量引擎城市研究院》,2023年11月18日,https://mp.weixin.qq.com/s/xwobbbLIT0JaNpV3GmeBBw。

第一节　运用场景传播提升用户体验

一、以场景惯性传播优质内容

城市形象的传播已经进入短视频传播的时代。城市形象要在短视频平台进行广泛传播,就必须充分利用短视频的优势,发挥短视频传播的核心竞争力。优质的内容是短视频得以广泛传播的基础,在内容为王的时代,越优质的内容意味着可以达到越好的传播效果。利用短视频承载海量的传播内容的特性,打造一个生活化、多元化、场景化的城市形象。同时,也要继续利用短视频在城市形象传播内容中的个性化、新颖性以及创造性,不断为城市形象传播提供优质的内容,进而促使城市形象在短视频平台上进行高效传播。

目前,短视频在城市形象方面的传播内容已经朝着垂直化、多元化、分众化的方向发展。在短视频平台上火爆一时的城市,往往可以带动庞大的短视频用户群体在短视频平台发布与该"爆火城市"有关的内容,因此,与"爆火城市"相关的场景、题材的城市形象短视频会在短时间内呈现几何式增长的态势。与此同时,在短视频平台利用直白、简单、单一的方式直接进行城市形象传播的内容和有深度、视频质量上乘的内容更加受到用户的欢迎。比如专注于郑州街头"小人物"身上感人故事的抖音短视频账号"@志刚在郑州",粉丝量已达194.8万人,在传递郑州市民身上的郑州精神内涵方面具有较高的知名度。像这种运用内容垂直化经营的短视频账号,能够强化短视频用户对优质短视频内容的感知,也能够提升用户对城市形象的好感度。

打造以场景为核心的城市形象短视频的优质内容，也需要考虑多方面的因素。首先需要考虑到短视频平台的受众属性，短视频平台受众人群主要以年轻人为主，娱乐性、社交性、互动性强，因此在打造城市形象短视频的优质内容时需要考虑到娱乐性、互动性、社交性等方面的受众需求，短视频内容不能过于死板僵硬。要将场景化的优质内容与城市形象巧妙融合，这使得受众在获得娱乐的同时，也可以更好地传播城市形象。如杭州市消防发布了宣传安全使用天然气的短视频，视频内容以《武林外传》中的人物形象演绎，获得了大量的转发和关注。其次，塑造以场景化为核心的城市形象优质短视频内容，需要对短视频内容进行规划，对于短视频中的城市调性、人物形象进行定位，形成系列短视频，形成城市形象短视频IP，这样一方面有利于短视频内容的垂直化，另一方面也有利于提高用户黏性。最后，打造优质的短视频内容，还需要对拍摄技术、画面内容、镜头表现，以及背景音乐的使用等方面以高标准严格要求。短视频用户在短视频平台拍摄有关城市形象的内容时，可以寻找并选择与所拍摄短视频内容相匹配的视频模板或滤镜，并适配相对应的文字，且选择与短视频内容相符合的背景音乐，同时利用短视频平台上的场景化功能，最终呈现出具有高质量、高标准的城市形象传播的短视频。通过展示具有场景特色的优质短视频内容，构建和传播城市形象，加深大众对城市的了解和印象，促进城市形象的传播。

二、以场景聚合打造多元平台

短视频在画面表达方式和传播内容方面都和城市形象宣传片有

很多不同之处。短视频的特点是社交化、移动化、碎片化、内容多元化,并且用户可以把当时当下的场景还原并且展示在短视频平台上,分享当下的所见所思所感。短视频中城市形象是许多普通大众在各种场景聚合来的,更加接近城市原本的样貌,更加真实。但是由于短视频受到平台规则的限制,视频时长受限,短视频创作者无法通过一条短视频内容完整地呈现城市形象,因此,需要大量的短视频内容,营造丰富的场景,以使受众观看体验得到优化,才能更加高效地传播城市形象。

与传统的城市形象宣传片相比,利用短视频作为城市形象的宣传方式实现了真正意义的大众传播。在这个传播系统里,短视频用户既是城市形象的传播者也是城市形象的接受者。用户可以选择在不同的短视频平台或社交媒体平台上分享他们眼中具有个性化的城市形象。通过短视频平台,用户分享当下感受,还可以从中寻找归属感和认同感。与此同时,不能仅仅只依赖于短视频平台对城市形象的传播,还应该利用当下网络传播的优势,鼓励短视频用户利用互动化、社交化的方式进行分享,进而实现真正意义上的多平台传播。

短视频作为城市形象传播的新生力量,通过了解短视频平台的传播运营机制可以在进行城市形象传播时,按照其各自特点有针对性地发力,从而收获良好的传播效果。短视频支持竖屏播放,为城市形象传播带来了新的呈现方式,这对用户来说十分方便和熟悉,因此短视频在城市形象传播与构建上具有很强的优势。但是,短视频也存在着局限性,就是时长限制,短短几十秒的视频无法呈现出完整的城市形象。因此,可以借助多元平台发力,共同传播城市形象。城市形象的传播不仅仅需要借助短视频的优势,也需要借助微信、微博等社交媒体平台进行社交化传播，分享优质内容，同时，也可以结合政府或主流媒体的城市宣传片进行传播，弥补短视频的不足，这也可以扩大城市形象短视频的影响范围和影响力度。

三、以场景互动呼应品牌社交

短视频时代对城市形象的构建与传播，有助于城市形象传播形成话题，促使大众进行讨论，这是城市形象利用短视频平台形成城市品牌效应的良好时机。

以场景互动进行的品牌化传播，是发挥各类社交媒体在城市形象传播与构建中的作用，拉近城市品牌和大众之间的距离。政府、官方媒体、意见领袖、自媒体、普通短视频用户等通过短视频发布有关城市形象的内容，引发大众关注和讨论。短视频中充满真实感、生活化的城市场景引发了大众的情感共鸣，建立了大众与城市之间的情感联系。由此可见，场景互动可以通过在深入挖掘分析城市的场景的基础上，借助移动设备、大数据、社交媒体对城市形象进行传播与构建，完善城市品牌形象，驱动城市影响力的提升。

同时，短视频社交化、互动化和娱乐化的特点使得短视频用户偏爱趣味化、娱乐化的呈现方式，因此，可以在短视频平台上发起城市形象短视频的挑战和话题来激发用户的参与感以及聚集用户关注。用户对城市形象相关话题和挑战的参与，也推动对相关城市形象短视频内容的关注，进而引发讨论，带来巨大流量。这些城市话题会给用户提供更充分的讨论空间，使用户对话题和挑战有着强大的参与感，从而激发传播热情，进而利用社交媒体平台进行传播，达到网状交叉分布传播的效果。

就像抖音短视频上的话题"#重庆……""#西安……""#成

都……"等城市话题,引起抖音短视频用户的广泛参与和挑战。在短视频平台,对城市形象的传播与构建已经形成了一种模式:网红景点打卡、拍照、上传网络成为短视频传播三部曲。同时用户也会在社交媒体平台上发布关于城市形象的图文、短视频、文字等,分享个人体验,进而吸引其他受众纷纷实地参与打卡,以及分享经验感悟,形成了一种"分享—打卡—分享"的可持续性传播模式。

所以城市形象的传播与构建需要有短视频的参与,不断推出与城市形象相关的话题挑战,使用户可以参与讨论,并且积极参与,提高兴趣,以场景互动的方式,促使用户展开对城市形象的传播,形成城市形象品牌传播。

第二节　挖掘城市形象建构和传播的符号元素

一、打造可视化的城市形象

城市形象是指城市以其自然地理环境、经济贸易水平、社会安全状况、建筑物的景观、商业、交通、教育等公共设施的完善程度、法律制度、政府治理模式、历史文化传统以及市民的价值观念、生活质量和行为方式等要素作用于社会公众并使社会公众形成对某城市认知的印象总和。眼球经济是依靠吸引公众注意力获取经济收益的一种经济活动,在现代强大的媒体社会的推波助澜之下,眼球经济比以往任何一个时候都要活跃。城市形象就是一种城市"眼球"经济,因此城市中的每个可以吸引注意力的元素都可能促进城市形象传播。如城市的自然景观、建筑风格、文化古迹、气候、风土人情、地理位置等。因此利用短视频对城市形象进行传播，需要将抽象的城市形象具象化，让城市形象转化到直观生动的城市元素上。

城市与城市之间存在很大差异，城市具有显著文化个性特征，每个城市都有不同的可视化元素。因此，当在城市语言之间存在差异的情况下进行城市形象的传播，可以利用情景类短视频，辅助语言，将城市形象通过可视化的形式呈现出来。城市美食、景观等天然具有视觉优势，因此可以利用短视频，不断强化其视觉优势，通过色彩和画面，呈现出具有冲击力和记忆点的城市形象短视频。同时，在呈现城市的历史文化等非物质元素时，通过短视频的可视化传播后不能仅仅只呈现其视觉方面，也要对城市的历史底蕴、文化底蕴、归属感、认同感等方面加以呈现。这些都是城市形象的一部分，是城市的记忆，是城市经过时间洗礼的印证，是一个城市的个性。这样的城市形象是城市与市民的共同记忆，是城市与人之间的情感桥梁，传播了城市文化底蕴，构建了城市认同感。

短视频平台的出现，挖掘了城市形象中可视化形象，将城市形象元素中的历史文化、政治经济、人文风情等元素直观呈现出来，使得城市形象可视化，凝练的视觉元素，实现了有冲击力的可视化呈现。因此，在城市形象的传播中，要不断地挖掘城市形象中的可视化元素，展现城市的不同魅力和个性。

二、"生活化"与"个性化"的多元场景

在以往的城市形象传播中，主要是以电视台播出的城市形象宣传片或者是影视作品对城市形象进行宣传。这些城市形象宣传片中，画面精美，内容恢宏大气，但这种画面内容和传播方式大多千篇一律，没有很好地贴近人民群众的生活，与人民群众心目中的城市形

象存在差异，城市形象无法与普通大众紧密结合。

城市在发展，城市中的人也在随着城市的发展而发展，每个时期的城市都有每个时期特殊的城市样貌。城市形象就是展现这一时期城市样貌的表现方式。目前，互联网快速发展，短视频开始成为城市形象传播的主要渠道，短视频用户也成为城市形象变化的记录者。短视频用户以普通人的视角记录着个体眼中的城市形象，将城市形象通过个体市井生活场景加之个人生活体验，最终构成大众心目中具有真实感的、可触摸的城市形象。"生活化""个性化"就是短视频用户用个人亲身经验和感受，以个体视角，用镜头描述每个人心中具有生活气息、具备个人特色的城市形象。就像重庆洪崖洞的梦幻、稻城亚丁的天空之境、西安古城的繁华，所有的场景都在给用户展现"现场"的美，展现身在其中、参与其中的冲击力。

结合用户心中独特的代表性城市元素，利用短视频平台亲自去拍摄、记录城市中的自然风景、城市建筑、美食文化等，并在短视频平台上呈现出可视化的生活图景。城市的生活图景被城市居民以普通居民视角展现，也呈现出个性化的内容。如广西壮族自治区的南宁市，其城市形象一直模糊不清，而市民上传到抖音平台的城市形象视频使城市名片逐渐清晰。南宁市民"@相辅相成"将电动自行车大军过马路的视频发在抖音上，截至2018年9月14日，获得146.2万次赞①，在南宁热门城市视频中排前列，使广西南宁市获得"电动车之城"的称号。除此，夏天街头随处可见的芒果、因高绿化率而获美誉的"绿城"、有特色的商业休闲设施，已成为南宁城市的新名片。与此同时，重庆的火锅、小面、美女、盘旋交错的道路等

---

① 《抖音发布城市形象白皮书,南宁荣登前十成为"爆款"城市》,《搜狐网》,2018年9月14日,https://www.sohu.com/a/253870346_100032142。

城市符号深入人心,而在抖音短视频平台,"8D魔幻山城"的特点重新凸显,李子坝轻轨站"穿楼而过",位于27层楼顶的休闲广场等城市形象短视频,使得山城的立体形象更加具象化,成为重庆新名片。

"生活化"和"个性化"共存在作为城市中最基本的元素——居民——身上,居民可以作为短视频中主要的传播元素。视频中的"人"可以是普通人,也可以是城市相关名人、城市中的政府工作人员等。每个短视频中的"人"都代表着城市中的不同群体,这些群体在短视频中可以引起广大短视频用户的认同感和共鸣。具有生活化的人物在城市形象短视频中的出现,使得城市形象更加亲切真实,更容易获得城市居民的认同感,从而达到良好的传播效果。就像抖音短视频平台上的一位东北大姐,在烧烤过程中因为其一句极具地方特色的"来了,老弟"感染了大多数抖音用户,使得很多游客前往打卡。也有很多用户通过短视频上传自己的日常生活,用真实和乐观感染观众,也加深了观众对城市形象的好感度。同时还有一些官方的短视频账号如"@平安重庆",经常会发布一些重庆民警的日常生活,这在提升政府形象的同时,也在提升重庆市的城市形象。

城市市民在短视频平台记录和分享他们的生活,展现美好生活,展现真实的生活状态,也可以提高城市的"生活化"和"个性化"属性。居民生活在城市,城市又影响着居民,二者相辅相成,相互促进。耿直的山东小伙,热情的重庆女孩,不同的城市有不同的城市性格,每个城市都在居民身上印刻着城市特有的"个性化"特点。"个性化""生活化"的多元场景在积极向上、客观真实的城市奋斗者、建设者身上呈现出来,将城市形象的传播更加深入细节和生活,更加真实,也为城市的传播增添动力。

三、从群体传播到个体记忆

由于制作短视频的门槛较低，只要拥有智能移动终端和网络，每个人都可以成为城市形象短视频的发布者。由复旦大学媒介素质研究中心、深圳城市传播创新研究中心等联合主办的《城市形象新媒体传播报告（2023）》指出，用户主动传播是城市形象新媒体传播形式的四大特征之一，其中，用户传播的影像内容通过社交化传播和互动，有效地扩大了城市影响力，提高了城市知名度。[①]

城市与城市之间的个性化差异展现了城市的特色，城市的个性体现在城市独特的自然景观、人文风情、历史文化等特点，具有个性化、抽象性和主观性。在短视频平台对城市形象进行传播，一个重要的内容就是分析挖掘城市的特色并通过短视频平台拍摄、制作、上传。在传统媒体时期，城市形象宣传的主体基本都是政府，且城市形象的宣传基本都是一个群体对城市形象的描绘，是群体记忆而不是个体印象。但在短视频时代，制作城市形象短视频的用户大多是当地市民和游客，从城市形象制作和传播的角度出发，这样可以避免过度包装和设计，使城市形象显得更加真实、踏实、有说服力。此外，一些用户走街串巷，展示一些隐藏在城市角落，且不为人所知的城市特征，这些都是城市的个人记忆。

短视频用户通过受众的媒介载体对个体记忆中的城市形象进行了传播和塑造。个体记忆对城市形象的传播展现了现实中各色人物对城市的印象，提高了城市形象的认同感和归属感，在人们心中留

---

①《城市形象新媒体传播报告（2023）——媒介演进赋能城市消费活力》，《复旦大学媒介素质研究中心、深圳城市传播创新研究中心等》，2023年11月9日，第20-21页，https://new.qq.com/rain/a/20231109A06ZN300。

下深刻印象。与此同时，随着社交媒体的出现，个体参与到城市形象的传播和构建中，个性化的城市形象被广泛传播。抓住城市的个性特色，群体传播到个性记忆的转变是城市形象在短视频时代进行传播的准则。要对城市形象的传播与构建进行从群体记忆到个人记忆的转变，需要让城市的个性凸显。比如截至 2024 年 11 月 28 日，在抖音短视频平台上有着 1080.3 亿次话题播放量（据抖音平台统计）的"#成都"，其中爆火歌曲《成都》"和我在成都的街头走一走，直到所有的灯都熄灭了""走到玉林路的尽头，坐在小酒馆的门口"成为成都城市形象传播的助力器。歌词中的成都，充满着对成都的抽象化描述，表达了城市的多元化色彩，展现了成都的人文气息。同一首歌曲，却在抖音等短视频平台上被拍摄出了一段段不一样的成都，这种多元化、个性化的传播促进了成都城市形象的传播与构建。这种形式的城市形象传播符合大众碎片化的信息接受习惯，并且可以促进观众之间的互动，进而产生不同传播主体因个性不同而产生的不同的个性化城市记忆。

第三节　打造短视频生态下城市形象的传播链条

一、搭建组织平台，开展城市活动

在短视频在对城市形象进行传播的过程中离不开政府、企事业单位、意见领袖、市民等多方的共同努力。要想提高短视频对城市形象的传播效果，需要实现政府"搭台"，群众"唱戏"，政府在短视频平台开展相应的城市活动，短视频用户积极配合政府活动，拍摄短视频发布到短视频平台，这样可以实现媒介资源的优质整合，更好地在短视频平台传播城市形象。

首先，在短视频传播城市形象的过程中，政府作为城市形象的定义者、组织者和策划者，应该承担主要责任，进行统筹阶段的顶层设计。积极鼓励公众参与城市形象相关内容的制作，成为城市形象的具体解读者。政府需要根据短视频平台的传播特点和需求，打造适应短视频平台的传播策略和传播方案，为城市形象传播提供政策、财力、物力的支持，同时优化整合短视频平台，投放相关城市形象内容，开展城市形象传播，扩大和提高沟通的力度和深度，增加城市影响力，使城市形象的传播范围扩大。

但在城市形象传播的具体实施阶段，离不开多方面的共同协作。普通群众是短视频的最广泛使用者，是短视频平台的主力军，因其自身的"生活化""平民化"视角、对新媒体的使用熟练度，千人千面的视频创意和形式，使得他们成为城市形象传播过程中最具有活力的部分。但是短视频用户水平参差不齐，会出现负面的短视频影响城市形象传播。因此，短视频用户要充分发挥自我能动性，不仅做好城市形象的创意化传播，也要做好信息把关工作，使城市形象的传播更具创造力和健康活力。

在短视频领域具有话语权的自媒体也是短视频平台上城市形象传播的主力军，因此必须重视短视频平台上的自媒体或者具有影响力的意见领袖，充分发挥其内容的海量性、趣味性、互动性等特点，对城市形象传播的内容进行塑造与宣传。自媒体、意见领袖等传播主体，一方面其短视频创造能力强，另一方面也具有强大的社会影响力和粉丝号召力，就如同"李子柒"等类似的短视频博主，利用团队的视频创作能力和庞大的粉丝基础，使得四川省的城市形象传播以一种更加生活化、更加有效的方式在短视频平台上传播。由此可见，自媒体和意见领袖也是城市形象传播的有力构建者，要在城市形象传播中加以重视。

短视频平台上接连出现爆款城市，体现了短视频对城市形象的构建与传播。但城市形象是一个动态变化的过程，需要短视频平台的长期推动，才能达成连续性的效果。在追求连续性效果的传播过程中，要联合城市中的各类媒介组织，充分拓宽城市形象传播与构建的渠道，利用城市中的户外媒体，如地铁站、火车站、高速公路沿途广告牌等作为城市形象传播的线下辅助媒体，构建城市形象的视觉形象。与此同时，也要充分联合城市中的各种大型城市活动进行城市形象的传播与构建，不断为城市形象的传播寻求不同渠道和宝贵机会，提高城市形象的影响力。

二、加强城际合作，推动区域联动

合理运用多种方式，便于为城市形象的传播增砖添瓦。短视频在对城市形象的传播与构建上具有碎片化的特点，但对于城市形象的传播来看需要具有整体性的思维。整体性的思维就是需要加强城与城之间的合作，推动区域之间对城市形象传播的联合传播。加强城与城之间的合作，可以将具有地理邻近性或文化邻近性等特点的区域进行统一规划部署，政府之间可以强强联合，加强城与城之间的合作交流，在城市形象的建设和传播中互相交流借鉴，促进双方共同发展，由此城与城之间的区域联动建设可以吸引游客，提高城市形象。有时候城与城之间的联动建设，还需要打破行政区域的划分，突破地理邻近性，寻找城与城之间的共性，如同中国的古都城市，虽然分布省份不同，但存在着文化邻近性，从而使得这些城市形象在短视频平台共同传播。

在城与城之间的区域联动建设后的城市形象推广，不仅需要短视频平台的推动，要借助短视频平台，开展区域联动的话题挑战，在短视频平台上创造热度，吸引观众注意力，从而达到城与城之间对城市形象进行区域联动推广的目的。同时，也需要积极利用社交媒体进行区域联动推广，政府进行统筹规划，对城市群、城市带、文化邻近型城市等进行统一规划，交流合作，共建共享，共同推动城市形象的提高，也为城市形象的发展建设提供更多可能性。

在短视频平台上，每个用户都是生产者和制作者，都是城市形象传播的渠道，在短视频平台上的城市形象的相关话题和挑战中都发挥了重要作用。互联网和短视频平台对短视频用户群具有链接和赋能的作用，短视频形成了一个可以汇集不同内容、连接不同主体的价值共创展示平台，并且影响着与线上紧密相关的线下活动和行为。事实上，短视频平台中的"爆款城市""网红城市"等短视频内容大多数都来自普通短视频用户的生产创造，政府部门在短视频平台上发起有关城市形象传播与构建的话题和挑战，在短视频平台上引发观众的热议和广泛参与，其中城市形象传播的优质短视频内容，传播的主体大体上是普通人、自媒体、意见领袖等。因此，在城市形象的传播与构建中，不仅要注重城与城之间政府或官方部门之间的联动，也要重视民间力量的联合。加强城市形象传播主体之间的联合，一方面是城市与城市之间主体的联合，是城与城之间区域联合推广的一部分，另一方面可以主动搭建线上或线下的组织平台，集中公众力量传播城市形象。

三、注重传播效果的阶段化和连续化

城市形象的传播是一个动态连续的过程，短时间内城市形象不是完整的城市形象，因此需要进行持续动态的城市形象传播，这样才能达到对城市形象传播和构建的效果。城市形象的传播和构建需要一个长期的过程，因此要注重城市形象传播的阶段化和连续化。首先，需要充分了解构成城市形象的元素，如自然风景、科技设施、人文景观、历史文化等，寻找可以代表城市特色的元素。短视频在城市形象传播阶段，主要是对城市形象进行视觉化展现，使大众对城市形象有一个初步的印象。其次，在对城市形象的初印象进行传播之后，需要对城市形象的个性化特点进行分析，深入分析挖掘城市形象，进行城市形象的深化传播。最后，在对城市形象有了进一步了解的情况下，大众对城市印象不断深化，城市在大众认知中形成了专属的城市形象定位，在这样的基础上，短视频对城市形象进行持续化传播，可以在大众心中留下深刻印象，从而可以对城市形象传播进行持续性、广泛性的传播。

网红城市的出现是短视频对城市形象传播与构建效果的直接体现，但短视频对城市形象的传播与构建同样是一个长期且连续的过程，方可达到良好的传播效果。因此，在短视频平台上对城市形象进行连续性的传播与构建的过程中需要注意以下方面：首先，寻求城市形象传播内容的特殊性。短视频中的广大用户对城市形象的个性化内容喜爱度高，这就需要在对城市形象的连续性塑造过程中，充分利用具有城市个性、特色的资源，寻求城市形象的唯一性和特殊性。其次，城市形象传播形成规模化。通过举办大型城市活动，继而通过短视频平台的传播，突出城市形象的亮点，形成一定的规

模效应,这才能为城市形象的传播效果增益。最后,重视后续效应。城市举办大型城市活动,往往可以带来一定的经济和社会效益,因此要加以重视,为后续城市形象的传播与构建提供更多契机。

短视频平台对城市形象的传播与构建需要注重连续性,在追求城市形象传播效果连续性的过程中,需要打造传播矩阵。在追求长期持续地传播城市形象的过程中,联合各类媒介,拓宽短视频内容的传播渠道,使传播组织也实现连续化。在对城市形象传播的过程中,除了利用手机进行的包括短视频在内的线上传播外,还可以利用线下的城市空间,比如城市中的地铁站、高铁站、火车站、高速公路收费站等户外媒体,这些线下户外媒体作为城市形象的辅助媒介,可以使城市形象的传播更加连续化,也能为城市形象的传播塑造更多机会。

短视频平台对城市形象传播来说,流量和热度都是分阶段的,要想长期且持续地在短视频平台进行城市形象的传播与构建,就需要持续产出具备城市个性化特点的城市形象短视频,进而确保城市形象传播的热度和效果的连续性。只有提高短视频用户对城市形象的认同感,加深对城市形象的好感度,才有利于城市形象的传播。城与城之间存在着很大差异,因此在借助短视频平台进行城市形象传播与构建时要充分挖掘城市的特殊化、个性化优势,进而可以在城市形象传播的过程中建立优势,并对城市形象的传播建立长期规划,达到传播效果的连续化。

在城市形象的传播与构建中除了注重传播效果的阶段化和连续化,还需要兼顾社会效益与经济效益。以抖音、快手等APP为主的短视频平台作为商业机构,经济利益占据首位,而城市形象的传播与构建是城市社会效益的一面,二者之间在城市形象的传播中存在着冲突和矛盾。

当城市形象作为短视频平台的传播内容时，由短视频平台的经济属性所决定，城市形象的传播内容也要受到商品规律和市场法则的约束。因此，在短视频平台上对城市形象进行传播与构建的内容要遵循市场经济法则，想要获得更多的大众注意力就必须生产出更加多元化、娱乐化和创新的内容来吸引观众，进而实现对城市形象传播的推动作用。与此同时，城市形象传播与构建的内容也需要具有文化属性，需要城市形象的传播内容中体现思想价值、艺术价值、文化价值、审美价值等内容，同时也需要城市形象的传播体现出城市的凝聚力、城市积极向上的城市精神、人文精神，以及城市居民的认同感和归属感等内容，这些都是城市形象社会效益的体现。如果在短视频平台上传播的城市形象的内容完全受到短视频商业化的影响，为了迎合市场而进行的过度娱乐化、过度广告化等问题会影响城市原本积极向上的城市精神，会影响城市的认同感和归属感，会对城市形象的传播产生负面影响。因此，在短视频平台上进行城市形象的传播与构建，需要将社会效益和经济效益相结合，把社会效益放在首位，经济效益和社会效益相辅相成，两者之间协调平衡，共同促进城市形象的传播与构建。

第四节　构建城市形象传播中的整合传播

一、"碎片化"与"整体性"并重传播

在互联网时代，短视频平台因受其生产内容时长的限制，所传

播出来的城市形象是碎片化的，在现实中城市形象却是整体的。因此，在短视频平台对城市形象进行传播与建构时要把握好短视频传播碎片化与城市形象整体化二者之间的关系。

短视频用户从不同的视角出发，以个性化视角表达城市特有的精神内涵和物质文化等，这种传播方式看似是一种碎片化的传播，但却在城市形象的传播过程中形成了一种整体化的叙事风格。用多元化的视角和多样化的表达方式，能够激发短视频用户在城市形象传播上的表现力，用普通大众的视角，展现城市最真实、最原本的面貌，从而在碎片化的传播内容中展现出整体化的城市形象。

短视频平台的城市形象传播主要是声音、图像和文字的组合表达方式，三者相结合能够表达出一个具有完整意义的城市形象。短视频平台上有关城市形象的传播内容大多为具有生活化的个人视角的短视频，这种碎片化的传播内容，以及带有个人主观性和个性化的短视频具有很大的个体差异，这也改变了传统的官方媒体所展现的千篇一律的城市形象。与此同时，碎片化的城市形象是在展示城市形象的各个角落，从细微的角落中展现城市形象，可以引发情感共鸣。普通大众呈现的城市形象是城市形象的细节，而城市形象的整体就是无数个细节组合在一起，二者相辅相成。短视频内容中有关城市形象的细枝末节的片段在整个城市形象的传播过程中，与城市独特的精神内涵、人文历史、自然景观相结合，体现了各个方面的城市形象，这些方面结合在一起就是城市形象传播的整体。与此同时，在短视频平台上进行城市形象的传播过程中，要注意传播内容的一致性和连贯性，以便保持整体的城市基调，同时也可以利用碎片化的内容，传递出千人千面的城市形象，最终达到提高城市形象的传播效果。

二、"硬实力"与"软实力"融合传播

硬实力是一个城市总体实力的核心，是发挥城市对外服务功能和影响力的物质基础。所谓的城市硬实力，是指城市所具备的外部条件，如城市环境、城市交通、城市治安和城市的医疗水平等诸多方面。[①]城市软实力，是指建立在城市文化、政府服务、居民素质、形象传播等非物质要素之上的城市社会凝聚力、文化感召力、科教支持力、参与协调力等各种力量的总和，是城市社会经济和谐、健康、跨越式发展的有力支持。城市软实力对提升城市影响力和竞争力大有裨益，各地越来越注重软实力建设。

在短视频平台要想发展好和城市形象传播之间的关系，也需要处理好城市"硬实力"和"软实力"之间的关系。城市的"硬实力"和"软实力"是城市形象的主要构成部分。城市"硬实力"和"软实力"二者之间要相辅相成，相互促进。在短视频平台上进行城市形象的传播与构建不能仅停留在对城市景观层面的拍摄上，更要体现城市的软实力。硬实力是城市的外在表现，软实力是城市的精神内涵，因此在短视频平台上进行城市形象传播时要使"软实力"和"硬实力"的体现相匹配，相协调。

在这个方面重庆市的洪崖洞就是城市"软实力"和"硬实力"相匹配的典范。重庆的洪崖洞的建筑风格浪漫梦幻、夜景灯火辉煌，是其城市形象"硬实力"的体现。因日本动漫《千与千寻》在此取景，使得重庆洪崖洞在短视频平台火爆起来，引来众多观众打卡拍照，这是重庆洪崖洞在"软实力"方面的体现。洪崖洞不仅仅是一

①胡江：《我国马拉松赛事的文化价值及生成机制分析》，《浙江体育科学》2019年第5期。

个具有辉煌和浪漫的地方景点,还是一个寄托了粉丝和动漫之间感情的精神产品。这样一个"软实力"和"硬实力"相结合的案例,让重庆市洪崖洞为城市形象的传播带来了良好的传播效果。同时,重庆洪崖洞在短视频平台的火爆传播也在倒逼城市完善基础设施,带动城市形象的传播。就像重庆市洪崖洞在爆火之后,重庆的李子坝"穿楼轻轨"也在短视频平台走红,政府部门也相应跟进起基础设施建设,为游客修建观景区,为传播城市形象提供更为方便快捷的城市硬件服务体系,并在此基础上不断分析挖掘城市的"软实力",唯有具备与城市"硬实力"相当的"软实力",才不怕城市的火爆现象昙花一现。要借助短视频的力量,为城市的发展造势,用"硬实力"说话,用"软实力"传播魅力,打造形神具备的城市品格,使城市形象的传播更加有吸引力。

三、"自塑"与"他塑"整合传播

"自塑"和"他塑"是国家形象研究中用得较多的概念,将其推及城市形象的研究,可以认为,媒体对一个城市的形象的塑造主要分成两个方面:一是地方媒体对本地城市形象的塑造,即"自塑";另一个是外地或外国媒体对本地城市形象的塑造,即"他塑"。[①]一个城市的形象是"自塑"和"他塑"两种方式互相结合而塑造的。

"自塑"体现了一个城市对自我的评价和看法,这是塑造城市形象最直观的手法,具有高度的主观性和灵活性。在短视频时代"自塑"的关键是充分利用政府机构、大众媒体和社会组织,通过线上

---

① 刘小燕:《关于传媒塑造国家形象的思考》,《国际新闻界》2002年第2期。

和线下的传播渠道对城市形象进行的传播。因此，在短视频平台对城市形象进行传播和塑造时要打造政府和地方媒体在短视频平台传播城市形象的话语权，进行有效的议程设置，提高城市形象的传播能力；另一方面要研究短视频平台受众的特点，利用短视频平台的传播机制，进行精准而有效的传播方式来传播城市形象。因此，在短视频平台对城市形象的"自塑"传播中，要提高本地政府短视频账号的公信力，以及提高城市官方媒体的可信度，对城市形象进行客观真实的传播，从而赢得公众的信任，塑造良好的城市形象。

"他塑"是城市外的人对城市形象的传播，是一种来自外部的认可和评价，是他人对自我情感和意志的传播。在短视频平台中的"他塑"是城市外的短视频用户对城市形象的传播与构建。[①]在短视频时代，"他塑"是在短视频平台对城市形象传播的主要力量，互联网时代，人人都有麦克风，人人可以拍摄短视频传播城市形象。"他塑"的城市形象具有客观性和真实性的特点，可以把城市的风土人情、自然景观、人文历史等通过短视频平台进行社会化和互动化传播，对城市形象的传播具有强大的推动力。

在短视频平台对城市形象的传播要想形式新颖、内容出色、历史人文和经济成就兼顾，就需要通过多种渠道传播，进而有效地提升城市形象。政府和地方媒体在城市形象的传播与构建中充当"自塑"角色，大众的短视频平台上充当着"他塑"角色，且大众承担着信息接收者的角色。由此可见，在短视频平台进行城市形象传播时要兼顾"自塑"与"他塑"，利用二者之间相辅相成的关系，共同促进城市形象的传播。

---

① 刘小燕：《关于传媒塑造国家形象的思考》，《国际新闻界》2002年第2期。

四、"塑形"与"转形"协调传播

"塑形"传播是对城市形象进行整合传播的重要手段。"塑形"传播指的是,在短视频中,短视频用户成为城市形象的传播者,大众所拍摄的有关城市形象的内容都是对城市形象的塑造。因此,在"塑形"传播的过程中,要从拍摄题材中挖掘代表城市形象的文化符号,使用大众所喜爱的、个性化的城市符号,使之成为城市形象的代表符号。就像山城代表重庆,古都代表西安,天府之国代表成都,等等,每个城市都有独特的代表。在短视频平台对城市形象的"塑形"传播中,要积极引导城市形象的传播纵深化发展,寻找能够代表城市形象,且具有独特性、令人印象的城市元素。在短视频平台可以通过将城市形象中最具有关注度的部分提取出来,用音乐、视频、文字等内容在短视频平台传递,从而使城市形象更加立体、真实。城市在"塑形"的过程中,可以在短视频平台发起话题和挑战,就城市的建筑风格、自然景观、人文风情、历史文化等内容,形成具有场景化的传播内容,促进城市形象的"塑形"传播。

"转形"传播是指城市形象重塑的过程,旨在解决城市美誉度的问题。要在短视频平台对城市形象进行传播与构建,就必须使城市形象适应短视频平台的传播规律,对城市形象进行"转形"传播,把握短视频传播的特点,对症下药。就像近年来,大众对济南的城市形象停留在比较保守落后的省会城市的印象,但在短视频平台上的"#济南……"等有关济南的话题讨论中,可以看到这座城市的泉水、千佛山、大明湖、宽厚里等城市意象。这些城市意象的出现,改变了大众对济南这座城市的刻板印象,给济南贴上了新的标签。

对于大众认知上的偏差，短视频的社交化传播可以在潜移默化中改变大众对城市的刻板印象。城市形象是一个整体，对于名气较大的城市形象符号很容易通过短视频进行城市形象的传播，也容易成为城市形象的代表符号，但对于一些不深入人心的城市形象，也可以通过短视频的方式进行传播，为城市形象的"塑形"传播或"转形"传播助力，使城市形象的传播走向整合传播。

参考文献

[1]ALTHEIDE D L. Media logic and social power[J]. Empedocles: European journal for the philosophy of communication, 2011, 3(2): 119–136.

[2]BRYMAN A. The Disneyization of society [M]. London: Sage, 2004: 1–199.

[3]David L, Altheide D L, ROBRET P S. The Media Logic[M]. Beverly Hills: Sage, 1979: 10.

[4]GARETH S, ALLAN M WILLIAMS. Tourism and tourism spaces [M]. Beverly Hills: Sage, 2004: 255.

[5]JOSÉ V D, THOMAS P. Understanding social media logic [J], Media and Communication, 2013, 1(1): 2–14.

[6]KROTZ F. Media connectivity: concepts, conditions and consequences. connectivity and flow[J]. Conceptualising contemporary communications, 2008(1): 13–31.

[7]LEFEBVRE H. The production of space [M]. Oxford: Wiley - Blackwell, 1991: 38–40.

[8]LI M W, TENG H Y, CHEN C Y. Unlocking the customer

engagement-brand loyalty relationship in tourism social media: the roles of brand attachment and customer trust[J]. Journal of hospitality and tourism management, 2020(44): 184-192.

[9]麦克卢汉·M. 理解媒介:论人的延伸[M]. 何道宽,译. 北京:商务印书馆,2000:33.

[10]梅罗维茨·J. 消失的地域[M]. 肖志军,译. 北京:清华大学出版社,2002:2-6.

[11]哈维·D. 希望的空间[M]. 胡大平,译. 南京:南京大学出版社,2003:31.

[12]贝尔·D. 资本主义文化矛盾[M]. 严蓓雯,译. 南京:江苏人民出版社,2012:112.

[13]林奇·K. 城市的形象[M]. 项秉仁,译. 北京:中国建筑工业出版社,1984:41.

[14]芒福德·L. 城市文化[M]. 宋俊岭,李翔宁,周鸣浩,译. 北京:中国建筑工业出版社,2009:1.

[15]芒福德·L. 城市发展史:起源,演变和前景[M]. 宋俊岭,倪文彦,译. 北京:中国建筑工业出版社,2005:572.

[16]波兹曼·N. 娱乐至死[M]. 章艳,译. 南宁:广西文学出版社,2004:5.

[17]李普曼·W. 舆论学[M]. 林珊,译. 北京:华夏出版社,1989:239-241.

[18]搜狐网. 抖音+清华发布:短视频与城市形象研究白皮书[EB/OL]. [2018-9-8]. https://www.sohu.com/a/254628329_152615.

[19]巨量引擎城市研究院. 2023 美好城市指数——城市线上繁荣度白皮书[EB/OL]. [2023-11-18]. https://mp. weixin. qq. com/s/

YjnqxE9jVtpdLN-FJ47F2Q.

［20］鸥维数据.2023上半年中国网红城市指数TOP20［EB/OL］.
［2024-1-20］.https：//mp.weixin.qq.com/s/fdLUGLc333nxforjFR36Mw.

［21］新京报.新京报"网红城市"潜力报告（2024）发布［EB/OL］.
［2024-4-13］.https：//baijiahao.baidu.com/s? id=1796185349858989339
&wfr=spider&for=pc.

［22］国家广电总局监管中心.2020短视频行业发展分析报告
［EB/OL］.［2020-12-3］.https：//lmtw.com/mzw/content/detail/id/195210/
keyword_id.

［23］复旦大学媒介素质研究中心、深圳城市传播创新研究中心
等.城市形象新媒体传播报告（2023）——媒介演进赋能城市消费
活力.［EB/OL］.［2023-11-9］.https：//new.qq.com/rain/a/20231109A06
ZN300.

［24］巨量引擎城市研究院.2023重庆夜经济发展报告［EB/OL］.
［2023-7-17］.https：//trendinsight.oceanengine.com/arithmetic-report/de-
tail/971.

［25］扬子晚报.携程发布五一出游预测：近郊轻度假打开生活B
面 乡村游酒店订单较清明增长560%［EB/OL］.［2022-4-27］.https：//
baijiahao.baidu.com/s?id=1731248470915962038&wfr=spider&for=pc.

［26］光明网.长沙很好，下次还来！［EB/OL］.［2023-10-7］.
https：//baijiahao.baidu.com/s?id=1779051041426764391&wfr=spider&for
=pc.

［27］中华人民共和国文化和旅游部.重庆推动夜间经济健康发
展［EB/OL］.［2020-7-23］.https：//www.mct.gov.cn/whzx/qgwhxxlb/cq/
202007/t20200723_873676.htm.

[28]携程.2024"五一"旅游趋势洞察报告[EB/OL].[2024-4-17].https://www.chinanews.com/cj/2024/04-17/10200151.shtml.

[29]CNNIC.第53次《中国互联网络发展状况统计报告》[EB/OL].[2024-3-22].https://www.cnnic.cn/n4/2024/0322/c88-10964.html.

[30]西安市人民政府网."文博热""汉服热""演艺热"千年古都彰显多重魅力"五一"假期全市接待游客1402.11万人次[EB/OL].[2024-5-7].https://www.xa.gov.cn/gk/wtly/hddt/1787660072241963009.html.

[31]陈卫星.网络传播与社会发展[M].北京:北京广播电视学院出版社,2001:333-334.

[32]邓元兵,李慧.CIS视角下抖音短视频平台的城市形象塑造与传播——以重庆市为例[J].未来传播,2019,26(02):90-101+138.

[33]邓元兵,赵露红.基于SIPS模式的短视频平台城市形象传播策略——以抖音短视频平台为例[J].中国编辑,2019(08):82-86.

[34]中商产业研究院.2024年中国短视频行业市场前景预测研究报告[EB/OL].[2024-1-3].https://m.askci.com/news/chanye/20240104/0904502704330289642685 46.shtml.

[35]西安商务."心动西安"正式启动点亮西安人的生活与歌[EB/OL].[2022-9-27].https://mp.weixin.qq.com/s/3CyN7J9d9VMqq0u-YkV-Jg.

[36]迪赛智慧数.短视频用户画像分析:年龄段主要集中18-24岁,占比为35%[EB/OL].[2023-3-21].https://mp.weixin.qq.com/s/zr71Qq1Y06n5ba_-TW9aqw.

[37]杜积西,陈璐.西部城市形象的短视频传播研究——以重庆、西安、成都在抖音平台的形象建构为例[J].传媒,2019(15):82-

84.

[38]新京报传媒研究.短视频如何改变城市形象认知?[EB/OL].[2021-02-22].https://mp.weixin.qq.com/s/kDHVlx8KafEmOLG37btHJQ.

[39]冯雪瑶,吕欣."抖音"短视频中城市形象传播的问题与改进策略[J].新闻研究导刊,2019,10(02):237+239.

[40]扶倩羽.基于抖音UGC短视频的城市形象传播探究[D].湖南大学,2019:13-35.

[41]高旭阳.抖音短视频中的城市形象传播研究[D].陕西师范大学,2019:44.

[42]郜书锴.场景理论:开启移动传播的新思维[J].新闻界,2015,(17):44-48+58.

[43]桂宇.用户思维下移动端短视频发展研究[D].海南师范大学,2019:23.

[44]何国平.城市形象传播:框架与策略[J].现代传播.2010(8):13-17.

[45]何治良.空间生产理论视域下的重庆短视频城市形象建构[D].西南大学,2020:1.

[46]胡江.我国马拉松赛事的文化价值及生成机制分析[J].浙江体育科学,2019,41(05):20-24.

[47]胡亚敏.叙事学[M].武汉:华中师范大学出版社,2004:2.

[48]胡翼青,杨馨.媒介化社会理论的缘起:传播学视野中的"第二个芝加哥学派"[J].新闻大学,2017(06):96-103+154.

[49]季佳歆.从"使用与满足"理论看真人秀节目与受众关系[J].传媒观察,2014(6):42.

[50]贾春增.外国社会学史(第三版)[M].北京:中国人民大学出

版社,2010:259-264.

[51]蒋栩根.短视频时代个体叙事视角下的武汉城市形象建构——以自媒体"二更更武汉"短视频为例[J].科教导刊(中旬刊),2019(08):160-161.

[52]李彬.符号透视:传播内容的本体诠释[M].上海:复旦大学出版社,2003:6.

[53]李俊佐.短视频的兴起与发展[J].青年记者,2018,(05):95-96.

[54]李明霞.政务抖音号中城市形象的符号建构与叙事策略研究[D].广东外语外贸大学,2020:19-33.

[55]李倩倩."长沙发布"政务抖音对长沙城市形象建构研究[D].湖南师范大学,2020:14.

[56]梁旭艳.场景:一个传播学概念的界定——兼论与情境的比较[J].新闻界,2018,(09):55-62.

[57]林峰.移动短视频:视觉文化表征、意识形态图式与未来发展图景[J].海南大学学报(人文社会科学版),2019,37(06):144-149.

[58]刘明明.移动短视频的城市形象传播研究[D].湖南大学,2019:30.

[59]刘小燕.关于传媒塑造国家形象的思考[J].国际新闻界,2002(02):61-66.

[60]刘瑶.作为中介关系的MCN——中国移动短视频传播业态的失衡与构建[D].南昌大学,2019:17.

[61]卢新亮,谢亮亮.城市形象的短视频建构:场域、策略与反思[J].现代视听,2021(03):74-76.

[62]罗治英.地区形象理论与实践[M].广州:中山大学出版社,

2000:88-90.

[63]童兵,马凌,蒋蕾.媒介化社会与当代中国[M].上海:复旦大学出版社,2011:3-9.

[64]孟志军.城市形象的影像构建与传播策略[J].电影文学,2018(15):25-27+140.

[65]苗博雯.短视频对城市形象传播的影响——以兰州为例[J].新闻研究导刊,2019,10(21):232-233.

[66]田豆豆,陈世涵.纸媒、广播、电视、新兴媒体彼此交融湖北武汉——推进媒体深度融合发展[N].人民日报.2023-10-29(8).

[67]TAKI文娱.你所不知道的短视频审核二三事[EB/OL].[2020-3-16].https://www.sohu.com/a/380552848_179850.

[68]宁维英,芦璧琳,鲁婷.基于短视频社交媒体的城市品牌营销分析——以西安市为例[J].西部学刊,2021(06):5-8.

[69]潘忠党,刘于思.以何为"新"?"新媒体"话语中的权力陷阱与研究者的理论自省——潘忠党教授访谈录[J].新闻与传播评论,2017(01):2-19.

[70]彭兰.短视频:视频生产力的"转基因"与再培育[J].新闻界,2019(01):34-43.

[71]钱智.城市形象设计[M].合肥:安徽教育出版社,2002:30.

[72]中关村互动营销实验室.2023中国互联网广告数据报告[EB/OL].[2024-1-10].https://mp.weixin.qq.com/s/Ir4BMZ0CbhEsww2FsLD3xg.

[73]黄元豪,李先国,黎静仪.网红植入广告对用户行为回避的影响机制研究[J].管理现代化,2020,40(3):4.

[74]宋雅楠.抖音短视频平台城市形象传播策略探析[D].河北

大学,2020:29-34.

[75]孙九霞,周一. 日常生活视野中的旅游社区空间再生产研究——基于列斐伏尔与德塞图的理论视角[J]. 地理学报,2014,69(10):1575-1589.

[76]孙信茹,杨星星. 媒介在场·媒介逻辑·媒介意义——民族传播研究的取向和进路[J]. 当代传播,2012(05):15-20.

[77]谭宇菲,刘红梅. 个人视角下短视频拼图式传播对城市形象的构建[J]. 当代传播,2019(01):96-99.

[78]万新娜. 城市形象短视频传播的特征、机制与价值[J]. 中国广播电视学刊,2021(02):120-122.

[79]王佳晨,金韶. 短视频对城市"地方感"的塑造和传播研究[J]. 齐齐哈尔大学学报(哲学社会科学版),2021(05):144-146.

[80]王朋进. 媒介形象:国家形象塑造和传播的关键环节———一种跨学科的综合视角[J]. 国际新闻界,2009(11):37-41.

[81]王沁. 关于城市形象广告同质化的思考[J]. 考试周刊,2007(10):123-124.

[82]王晓峰,修艺源. 城市形象建设中的地域文化符号开发策略[J]. 人文天下,2016,(03):50-53.

[83]王一岚. 县域自媒体崛起的媒介逻辑分析——基于河南省15个县域自媒体微信公众号的研究[J]. 新闻大学,2019(11):23-37+122.

[84]王昀,徐睿. 打卡景点的网红化生成:基于短视频环境下用户日常实践之分析[J]. 中国青年研究,2021(02):105-112.

[85]王贞子. 数字媒体叙事研究[M]. 北京:中国传媒大学出版社,2014:2.

[86]王卓.短视频社交媒体的媒介叙事研究[D].西北大学，2019:3-5.

[87]吴玮.网红城市:社交媒体推动下的城市媒介化[J].泉州师范学院学报,2020,38(1):6.

[88]吴伟,代琦.国外城市品牌定位方法述要[J].城市问题,2010(04):89-95.

[89]王宇澄,薛可,何佳.政务微博议程设置对受众城市形象认知影响的研究——以微博"上海发布"为例[J].电子政务,2018(6):8.

[90]谢金林.网络时代政府形象管理:目标、难题与对策[J].社会科学,2010(11):52-60.

[91]谢耘耕.中国城市品牌认知调查报告[M].社会科学文献出版社,2015:40-51.

[92]熊飞翼.新媒体环境下抖音短视频如何建构城市形象——以"贵阳"为例[J].新媒体研究,2019,5(22):41-44.

[93]许竹.移动短视频的传播结构、特征与价值[J].新闻爱好者,2019(12):30-32.

[94]闫晋瑛.网络创意短视频对传媒教育的启示——以西安城市形象传播为例[J].陕西教育(高教),2018(10):63.

[95]杨茜.用户短视频传播下的重庆形象构建——以"抖音"APP为例[J].今传媒,2020,28(01):28-30.

[96]杨震,刘欢欢.当代中国城市建筑的"迪斯尼化":特征与批判[J].建筑师,2015(05):69-74.

[97]于乐.可视化城市:抖音的城市形象传播研究[D].辽宁大学,2020:29.

[98]喻国明,耿晓梦.算法即媒介:算法范式对媒介逻辑的重构

[J].编辑之友,2020(07):45-51.

[99]战令琦.场景化叙事与符号化传播——以纪录片《舌尖上的中国3》为例[J].当代电视,2018(06):63-64.

[100]张鸿雁.城市形象与城市文化资本论 中外城市形象比较的社会学研究[M].南京:东南大学出版社,2004.04(48).

[101]张晓璐.当代居所空间的异化与想象[D].华中师范大学,2015:9.

[102]赵世超.抖音短视频品牌传播策略研究[D].河北大学,2019:38-39.

[103]郑雯,黄荣贵."媒介逻辑"如何影响中国的抗争?——基于40个拆迁案例的模糊集定性比较分析[J].国际新闻界,2016,38(04):47-66.

[104]周思远.抖音短视频的城市旅游形象传播研究[D].湖南大学,2019:41.

[105]周晓彤.基于移动短视频的城市形象传播策略[D].山东师范大学,2019:54-55.

[106]朱军,刘奕晨,王文达."迪士尼化"对中国城市的影响及应对——以上海为例[J].上海城市管理,2020,28(01):11-20.

[107]庄德林,陈信康.基于顾客视角的城市形象细分[J].城市问题,2009,(10):11-16.